四川省工程建设地方标准

四川省建设工程造价咨询标准

Standard for project cost consultation in Sichuan Province

DBJ51/T 090 - 2018

主编部门：　四 川 省 住 房 和 城 乡 建 设 厅
批准部门：　四 川 省 住 房 和 城 乡 建 设 厅
施行日期：　2 0 1 8 年 8 月 1 日

西南交通大学出版社

2018 成 都

图书在版编目（CIP）数据

四川省建设工程造价咨询标准/四川省建设工程造价管理总站，四川省造价工程师协会主编．—成都：西南交通大学出版社，2018.10
（四川省工程建设地方标准）
ISBN 978-7-5643-6490-8

Ⅰ．①四… Ⅱ．①四… ②四… Ⅲ．①建筑造价管理-标准-四川 Ⅳ．①TU723.31-65

中国版本图书馆 CIP 数据核字（2018）第 232401 号

四川省工程建设地方标准

四川省建设工程造价咨询标准

主编单位 四川省建设工程造价管理总站
四川省造价工程师协会

责任编辑	姜锡伟
助理编辑	王同晓
封面设计	原谋书装
出版发行	西南交通大学出版社 （四川省成都市二环路北一段 111 号 西南交通大学创新大厦 21 楼）
发行部电话	028-87600564　028-87600533
邮政编码	610031
网址	http: //www.xnjdcbs.com
印刷	成都蜀通印务有限责任公司
成品尺寸	140 mm×203 mm
印张	8.875
字数	230 千
版次	2018 年 10 月第 1 版
印次	2018 年 10 月第 1 次
书号	ISBN 978-7-5643-6490-8
定价	52.00 元

各地新华书店、建筑书店经销
图书如有印装质量问题　本社负责退换

关于发布工程建设地方标准《四川省建设工程造价咨询标准》的通知

川建标发〔2018〕465号

各市州及扩权试点县住房城乡建设行政主管部门，各有关单位：

由四川省建设工程造价管理总站和四川省造价工程师协会主编的《四川省建设工程造价咨询标准》已经我厅组织专家审查通过，现批准为四川省推荐性工程建设地方标准，编号为：DBJ51/T 090－2018，自2018年8月1日起在全省实施。

该标准由四川省住房和城乡建设厅负责管理，四川省建设工程造价管理总站负责技术内容解释。

四川省住房和城乡建设厅

2018年5月25日

前　言

本标准根据四川省住房和城乡建设厅《关于下达工程建设地方标准〈四川省建设工程造价咨询标准〉编制计划的通知》(川建标发〔2017〕69 号)，由四川省建设工程造价管理总站、四川省造价工程师协会会同有关单位共同编制完成。

标准编制组经广泛调查研究，认真总结我省工程造价咨询实践经验，参考有关国际和国内先进标准，并在广泛征求意见的基础上制定完成本标准。

本标准共分 11 章和 15 个附录，主要技术内容是：总则、术语、基本规定、决策阶段、设计阶段、发承包阶段、施工阶段、竣工阶段、工程造价数据的管理与应用、工程造价管理评价、工程造价鉴定等。

本标准由四川省住房和城乡建设厅负责管理，四川省建设工程造价管理总站负责具体技术内容的解释。执行过程中如有意见或建议，请联系四川省建设工程造价管理总站（地址：四川省成都市金牛区星辉东路 8 号；邮编：610081；电话：028-83337070；E-mail：scszjz@126.com）。

主编单位： 四川省建设工程造价管理总站
四川省造价工程师协会

参编单位： 成都市建设工程造价管理站
绵阳市建设工程造价管理站
自贡市建设工程造价管理站

西华大学
四川华信工程造价咨询事务所有限责任公司
中国建筑西南设计研究院有限公司
四川开元工程项目管理咨询有限公司
四川同兴达建设咨询有限公司
四川建科工程建设管理有限公司
中道明华建设工程项目咨询有限责任公司

主要起草人： 王　飞　谢洪学　程万里　左　涛
刘　怡　陈胜明　明安辉　夏成刚
温洪英　许　霖　潘　敏　谭尊友
明　针　刘世刚　邵渝梅　曾云华
罗迎熙　施成奇　彭　丹　钟　雄
黄　莉

主要审查人： 陶学明　赖咏梅　张廷学　章　耘
吕逸实　董　娜　罗孝强　蒋吉国
刘云绿

目　次

Contents

1 总 则

1.0.1 为规范工程造价咨询业务活动，提高建设项目工程造价咨询成果文件的质量，适应我省工程造价咨询业务发展和行业咨询服务水平提升的需要，制定本标准。

1.0.2 本标准适用于我省建设工程造价咨询业务活动及其成果文件的管理。凡在我省承接工程造价咨询业务的企业，其造价咨询业务活动及成果文件应符合本标准。

1.0.3 工程造价咨询应坚持合法、独立、客观、公正和诚实信用的原则。

1.0.4 工程造价咨询应签订书面的建设工程造价咨询合同，合同文本应选择国家现行的《建设工程造价咨询合同（示范文本）》。合同中应明确工程造价咨询业务的内容、范围、服务周期、服务酬金计取与支付方式、双方的义务、权利、责任、咨询成果文件的表现形式与质量要求等。

1.0.5 工程造价咨询企业应按委托咨询合同要求出具成果文件，并应在成果文件或需其确认的相关文件上签章，承担合同主体责任。注册造价工程师应在各自完成的成果文件上签章，承担相应责任。

1.0.6 工程造价咨询企业以及承担工程造价咨询业务的工程造价专业人员，不得同时接受利益或利害双方或多方委托进行同一项目、同一阶段中的工程造价咨询业务。

1.0.7 注册造价工程师及其他工程造价专业人员应遵守国家法

律、法规和政策，自觉维护国家和社会公共利益，遵守职业道德，珍惜职业声誉，以高质量的咨询成果和优良服务，获得客户的信任和好评。

1.0.8 工程造价咨询业务活动及其成果文件除应符合本标准外，尚应符合国家现行有关标准的规定。

2 术 语

2.0.1 工程造价 project cost

工程项目在建设期预计或实际支出的建设费用。

2.0.2 工程造价咨询 construction cost consultation

工程造价咨询企业接受委托方的委托，运用工程造价的专业技能，为建设项目决策、设计、发承包、实施、竣工等各个阶段工程计价和工程造价管理提供的服务。

2.0.3 工程造价管理 project cost management

综合运用管理学、经济学和工程技术等方面的知识和技能，对工程造价进行预测、计划、控制、核算、分析和评价等的工作过程。

2.0.4 投资估算 estimate of investment

以方案设计等文件为依据，按照规定的程序、方法和依据，对拟建项目所需总投资及其构成进行的预测和估计。

2.0.5 设计概算 budget estimate at design stage

以初步设计文件为依据，按照规定的程序、方法和依据，对建设项目总投资及其构成进行的概略计算。

2.0.6 限额设计 quota design

按照投资或造价的限额开展满足技术要求的设计工作。即按照可行性研究报告批准的投资限额进行初步设计，按照批准的初步设计概算限额进行施工图设计，按照施工图预算限额对施工图设计中各专业设计文件做出决策的设计工作程序。

2.0.7 合约规划 contract planning

根据分解后的目标及其成本，对各级目标中包括合同类型、合同单价、合同金额、工程计量方式、计价方式、付款方式等在内的合同内容进行规划设计，用以指导工程在整个建设期中的各类招标、合同签订和成本动态控制管理。

2.0.8 资金使用计划 fund using plan

根据合同及工期实施计划，计算出与合同中价款支付节点相对应的工作量，再结合合同中的价款支付时间、支付比例计算并编制的资金使用表格。

2.0.9 工程量清单 bills of quantities

载明建设工程分部分项工程项目、措施项目、其他项目的名称和相应数量以及规费、税金项目等内容的明细清单。

2.0.10 招标控制价 tender sum limit

招标人根据国家或省级建设行政主管部门颁发的有关计价依据和办法，依据拟定的招标文件和招标工程量清单，结合工程具体情况发布的招标工程的最高投标限价。

2.0.11 投标报价 bidding price

投标人投标时响应招标文件要求所报出的价格。

2.0.12 中止结算 suspension settlement

发包方和承包方协商并一致同意暂停施工时，发承包双方根据合同约定和协商意见对已完工程内容及暂停施工期间的费用进行的价款计算和确定。

2.0.13 终止结算 termination settlement

发承包双方根据国家有关法律、法规的规定和合同约定，就合同终止达成一致意见时对合同价款的调整和确定。

2.0.14 期中结算 interim settlement

发承包双方根据国家有关法律、法规的规定和合同约定，在施工过程中承包人完成合同约定的工作内容后，对工程价款的计算和确定。

2.0.15 竣工结算 settlement at completion

发承包双方根据国家有关法律、法规的规定和合同约定，在承包人完成合同约定的全部工作内容后，对最终工程价款的调整和确定。

2.0.16 工程造价信息 guidance of cost information

工程造价管理机构发布的建设工程人工、材料、工程设备、施工机械台班的价格信息，以及各类工程的造价指标、指数等。

2.0.17 工程造价鉴定 construction cost verification

工程造价咨询企业接受人民法院、仲裁机关委托，对施工合同纠纷案件中的工程造价争议进行的鉴别和评定，并提供鉴定意见的活动。

2.0.18 竣工决算 account at completion

以实物数量和货币标准为计量单位，由建设单位编制的综合反映竣工项目从筹建开始到竣工交付使用为止的全部建设费用、建设成果、财务情况的总结性文件，是正确核定新增资产价值的依据。

2.0.19 工程造价咨询成果文件 project cost consultancy document deliverables

工程造价咨询企业承担工程造价咨询业务时，为委托方出具的反映各阶段工程造价确定与控制等成果以及管理状况的文件。

2.0.20 工程造价管理评价 evaluation of project cost management

收集建设项目各个阶段与工程造价管理相关的资料后，核查各个阶段工程造价管理情况，并对工程造价的管理工作出具评价报告。

2.0.21 项目造价风险 project cost risk

建设项目在建设期内存在的可能导致造价变化的一系列潜在的不确定性因素。

2.0.22 编制人 compiler

工程造价咨询企业中，承担编制工程造价咨询成果文件的工程造价专业人员。

2.0.23 审核人 examiner

工程造价咨询企业中，承担审核工程造价咨询成果文件的注册造价工程师。

2.0.24 审定人 approver

工程造价咨询企业中，承担最终审定各类工程造价咨询成果文件,具有注册造价工程师执业资格的专业负责人或技术负责人。

2.0.25 竣工结算审定签署表 final signature list for settlement at completion

工程竣工结算审核报告中反映工程基本信息、送审金额、审定金额、调整金额等内容，并经发包人、承包人、工程造价咨询企业等相关方签署确认的工程竣工结算数额及变动情况对比的表格。

3 基本规定

3.1 业务范围和一般要求

3.1.1 工程造价咨询业务范围包括下列内容：

1 项目投资估算编制和审核；

2 项目设计概算编制和审核；

3 施工图预算编制和审核；

4 设计方案经济分析；

5 限额设计造价咨询；

6 设计优化造价咨询；

7 合约规划与招采策划、合同管理咨询；

8 工程量清单编制和审核；

9 招标控制价编制和审核；

10 投标报价编制；

11 投标报价分析；

12 全过程工程造价管理咨询；

13 工程竣工结算编制和审核；

14 合同解除或中止的结算编制和审核；

15 诉讼或仲裁中的工程造价鉴定；

16 诉讼或仲裁中的工程造价咨询；

17 工程造价管理评价；

18 工程竣工决算编制与审核；

19 工程造价信息咨询；

20 其他工程造价咨询服务。

3.1.2 工程造价咨询企业在承接工程造价咨询业务时，应根据企业自身的业务胜任能力等因素进行是否承接咨询业务的判断。

3.1.3 当委托单位委托多个工程造价咨询企业共同承担大型或复杂的建设项目咨询业务时，委托单位应明确业务主要承担单位，并应由业务主要承担单位负责总体规划、统一标准、阶段部署、资料汇总等综合性工作，其他单位应按合同要求负责其所承担的具体工作。

3.1.4 对同一项目、同一阶段工程造价咨询成果文件的审核，当对编制所采用的计价依据、计价方法无异议时，宜与编制时采用的计价依据和计价方法保持一致。

3.1.5 工程造价咨询企业承担全过程工程造价管理咨询业务时，应掌握各阶段工程造价的关系，加强管理，在实施过程中做到工程造价的有效控制，并应依据工程造价咨询合同中约定的服务内容、范围、深度和参与程度编制相应工程造价咨询成果文件。

3.1.6 工程造价咨询企业应根据委托合同要求，配合勘察设计单位、工程或设计施工总承包施工单位做好方案比选、优化设计和限额设计，以及利用价值分析等方法，提出合理决策和设计方案的建议。

3.1.7 工程造价咨询企业在进行方案比选时，应提交方案比选报告，并应符合下列规定：

1 对于使用功能单一，建设规模、建设标准及设计寿命基本相同的非经营性建设项目，应优选工程造价或单方工程造价较低的方案。宜根据建设项目的构成，分析各单位工程和主要分部分项工程的技术指标，进行优劣分析，提出优选方案以及改进建议。

2 对于使用功能单一，但建设规模、设计标准或设计寿命不同的非经营性建设项目，应综合评价一次性建设投资和项目运营过程中的费用支出,进行建设项目的全寿命周期的总费用比选，进行优劣分析，提出优选方案以及改进建议。

3 对于经营性建设项目，应分析技术的先进性与经济的合理性，在满足设计功能和技术先进的前提下，应根据建设项目的资金筹措能力，以及投资回收期、内部收益率、净现值等财务评价指标，综合确定投资规模和工程造价，进行优劣分析，提出优选方案以及改进建议。

4 当运用价值工程的方法对不同方案的功能和成本进行分析时，应综合选取价值系数较高的方案作为优选方案，并应对降低其冗余功能和成本的途径进行分析，提出改进建议。

5 进行方案比选时，应兼顾项目近期与远期的功能要求和建设规模，实现项目的可持续发展。

3.1.8 工程造价咨询企业在参与优化设计时，应根据有关技术经济资料，对设计方案提出优化设计建议与意见，通过设计招标、方案竞选、深化设计等措施，使技术方案更加经济合理。

3.1.9 工程造价咨询企业在参与限额设计时，应配合设计单位，按项目实施内容和标准进行投资分解和投资分析，通过有关技术经济指标分析，确定合理可行的建设标准及限额。

3.2 组织管理

3.2.1 工程造价咨询企业应对其咨询的项目实施有效的组织管理，对其咨询工作中涉及的基础资料的收集、归纳和整理，各类成果文件的编制、审核、审定和修改，成果文件的提交、归档等，均应建立相应的管理制度，并落实到位。

3.2.2 工程造价咨询企业承担咨询业务后，应根据项目特点编制工作计划；承担大型项目或全过程工程造价管理咨询任务时，应依据项目特点、投标文件、工程造价咨询合同等编制工程造价咨询项目的工作大纲。工作大纲的内容应包括项目概况、工程造价咨询服务范围、工作组织、工作进度、人员安排、实施方案、质量管理等。

3.2.3 工程造价咨询企业应完善项目的流程管理，明确项目工作人员的职责，工程造价咨询项目的工作人员应包括现场和非现场的管理、编制、审核与审定人员。各类管理人员的安排除应符合工程造价咨询服务合同要求外，还应符合项目质量管理和档案管理等其他方面的要求。

3.2.4 工程造价咨询企业应建立有效的内部组织管理和外部组织协调体系，并应符合下列规定：

1 内部组织管理体系应包括承担咨询项目的管理模式、企业各级组织管理的职责与分工、现场管理和非现场管理的协调方式，项目负责人和各专业负责人的职责等。

2 外部组织协调体系应以工程造价咨询合同约定的服务内容为核心，明确协调和联系人员，在确保工程项目参与各方权利与义务的前提下，协调好与建设项目参与各方的关系，促进项目的顺利实施。

3.2.5 工程造价咨询企业应按工程造价咨询合同的要求制定工作进度计划，各类工程造价咨询成果文件的提交时间应与总体进度相协调，工程造价咨询的工作进度计划除应服从整个建设项目的总体进度和施工工期的要求外，还应满足各类工程造价咨询成果文件编制的合理工期的要求。

3.3 质量管理

3.3.1 工程造价咨询企业应针对工程造价咨询业务建立质量管理体系，并应通过流程控制、企业标准等措施保证工程造价咨询质量。

3.3.2 工程造价咨询企业提交的各类成果文件应由编制人编制，并应由审核人、审定人进行二级审核。

3.3.3 承担咨询业务的编制人应审核委托人提供的书面资料的完整性、有效性、合规性，并应对自身所收集的工程计量、计价基础资料和编制依据的全面性、真实性和适用性负责，按工程造价咨询合同的要求，编制工程造价咨询成果文件，并整理好工作过程文件。

3.3.4 承担咨询业务的审核人应审核委托人提供的书面资料的完整性、有效性、合规性；应审核编制人使用工程计量、计价基础资料和编制依据的全面性、真实性和适用性，并应对编制人的工作成果进行一定比例的复核，完善工程造价咨询成果文件，并整理好工作过程文件。

3.3.5 承担工程造价咨询业务的审定人应审核委托人提供的书

面资料的完整性、有效性、合规性；应审核编制人及审核人所使用工程计量、计价基础资料和编制依据全面性、真实性和适用性；并应依据工程经济指标进行工程造价的合理性分析，对工程造价咨询质量进行整体控制。

3.3.6 工程造价咨询企业应在工程造价咨询成果文件的封面（或内封）、签署页签章。承担工程造价咨询项目的编制人、审核人、审定人应在工程造价咨询成果文件的签署页及汇总表上签字并加盖执业资格专用印章。

3.4 档案管理

3.4.1 工程造价咨询企业应按国家有关档案管理及国家现行标准的有关规定，建立档案收集制度、统计制度、保密制度、借阅制度、库房管理制度及档案管理人员守则等。

3.4.2 工程造价咨询档案可分为成果文件和过程文件两类。成果文件应包括：工程造价咨询企业出具的投资估算、设计概算、施工图预算、工程量清单、招标控制价、工程计量与支付、竣工结算、竣工决算编制与审核报告及工程造价鉴定意见书等。过程文件应包括编制、审核、审定人员的工作底稿、相应电子文件等。

3.4.3 工程造价咨询档案的保存期应符合合同和国家等相关规定外，且不应少于5年。

3.4.4 承担咨询业务的项目负责人应负责工程造价咨询档案的相关管理，除应负责成果文件和过程文件的归档外，还应负责组织并制定咨询业务中所借阅和使用的各类设计文件、施工合同文件、竣工资料等有关可追溯性资料的文件目录，并应对接收、借阅和送还进行记录。

3.5 信息管理

3.5.1 工程造价咨询企业应充分利用计算机及网络通信技术进行有效的信息管理。工程造价的信息管理应包括工程造价数据库、工程计量与计价等工具软件、全过程工程造价管理系统的建设、使用、维护和管理等活动。

3.5.2 工程造价咨询企业应利用现代化的信息管理手段，自行建立或利用相关工程造价信息资料、各类典型工程数据库，以及在咨询业务中各类工程项目上积累的工程造价信息，建立并完善工程造价数据库。

3.5.3 工程造价咨询企业应按标准化、网络化的原则，在工程项目各阶段采用工程造价管理软件。

3.5.4 工程造价咨询企业承担全过程工程造价管理咨询业务时，应依据合同要求，对各阶段工程造价咨询成果和所收集的工程造价信息资料进行整理分析，并应用于下一阶段的工程造价咨询服务。

4 决策阶段

4.1 一般规定

4.1.1 工程造价咨询企业在决策阶段可接受委托承担下列工作：

1 投资估算的编制与审核；

2 建设项目经济评价。

4.1.2 编制投资估算时，应根据相应工程造价管理机构发布的工程计价依据，以及工程造价咨询企业积累的有关资料，并应在分析编制期市场要素价格变化的基础上，合理确定建设项目总投资。

4.1.3 审核投资估算时，应根据相应工程造价管理机构发布的工程计价依据，以及其他有关资料，审核投资估算中所采用的编制依据的正确性、编制方法的适用性、编制内容与要求的一致性、投资估算中费用项目的完整性、合理性和准确性。

4.2 投资估算编制

4.2.1 投资估算按委托内容可分为建设项目的投资估算、单项工程投资估算、单位工程投资估算。

4.2.2 项目建议书阶段的投资估算可采用生产能力指数法、系数估算法、比例估算法、指标估算法或混合法进行编制，可行性研究阶段的投资估算宜采用指标估算法进行编制。

4.2.3 投资估算的建设项目总投资应由建设投资、建设期利息和流动资金组成。建设投资应包括工程费用、工程建设其他费用和预备费。工程费用应包括建筑工程费、设备购置费、安装工程费。预备费应包括基本预备费和价差预备费。建设期利息应包括支付金融机构的贷款利息和为筹集资金而发生的融资费用。

4.2.4 投资估算应依据建设项目的特征、设计文件和相应的工程造价计价依据或资料对建设项目总投资及其构成进行编制，并应对主要技术经济指标进行分析。

4.2.5 投资估算的编制依据应包括下列内容：

1 国家、行业和地方有关规定；

2 相应的投资估算指标；

3 工程勘察与设计文件（方案）；

4 类似工程的技术经济指标和参数；

5 工程所在地编制同期的人工、材料、机械台班价格，以及设备的市场价格和有关费用；

6 政府有关部门、金融机构等部门发布的价格指数、利率、汇率、税率，以及工程建设其他费用等；

7 委托方提供的各类合同或协议及其他技术经济资料。

4.2.6 投资估算的编制应遵循下列工作程序：

1 收集并熟悉工程项目有关资料、数据及估算指标等；

2 估算工程项目主要材料、设备及费用；

3 编制单位工程的投资估算；

4 编制单项工程的投资估算；

5 编制工程建设其他费用的估算；

6 编制预备费用的估算；

7　计算建设期贷款利息；

8　确定工程项目的投资估算总额。

4.2.7　投资估算编制的成果文件应包括投资估算书封面、签署页、目录、编制说明、投资估算汇总表、单项工程投资估算汇总表等，投资估算编制成果文件可按本标准附录A编制。

4.2.8　投资估算编制说明应包括工程概况、编制范围、编制方法、编制依据、主要技术经济指标及投资构成分析、有关参数和率值选定的说明，以及特殊问题说明等。

4.2.9　投资估算编制说明中，投资构成分析应包括下列内容：

1　主要单项工程投资占比分析；

2　建筑工程费、设备购置费、安装工程费、工程建设其他费用、预备费占建设总投资的比例分析，引进设备费用占全部设备费用的比例分析等；

3　影响投资的主要因素分析；

4　与类似工程项目的比较分析。

4.2.10　投资估算汇总表纵向应分解到单项工程费用，并应包括工程建设其他费用、预备费、建设期利息等，若为生产经营性项目还应包括流动资金。投资估算汇总表横向应分解到建筑工程费、设备购置费、安装工程费和其他费用。

4.2.11　可行性研究阶段的投资估算应编制单项工程投资估算表，单项工程投资估算表纵向应分解到主要单位工程费，横向应分解到建筑工程费、设备购置费、安装工程费。

4.2.12　可行性研究阶段投资估算中的工程建设其他费用应分项估算，可在投资估算汇总表分项编制，也可单独编制工程建设其他费用估算表。

4.2.13 建筑工程费用的估算应结合拟建项目特点和工程计量要求分别套用不同专业工程的投资估算指标或类似工程造价资料进行估算。当无适当估算指标或类似工程造价资料时，可采用估算主体工程量的方法，并参考定额等资料进行估算。套用的投资估算指标应包括人工费、材料费、机械费、管理费、利润、规费、税金在内，并应考虑指标编制期与报告编制期的人材机要素价格等变化情况。

4.2.14 设备购置费应按国产标准设备、国产非标准设备、进口设备分别进行估算，并应将设备运杂费、备品备件费计入设备费。

4.2.15 安装工程费应按不同安装类型，以设备费为基数或按相应项目的估算指标分别估算。套用的投资估算指标应包括人工费、材料费、机械费、管理费、利润、规费、税金在内，并应考虑指标编制期与报告编制期的人材机等要素价格的变化情况。

4.2.16 工程建设其他费用应包括建设管理费、建设用地费、可行性研究费、研究试验费、勘察设计费、环境影响评价费、劳动安全卫生评价费、场地准备及临时设施费、引进技术和引进设备其他费、工程保险费、联合试运转费、特殊设备安全监督检验费、市政公用设施配套费、专利及专有技术使用费、生产准备及开办费等。

4.2.17 工程建设其他费用应结合项目具体情况计列。有合同或协议要求的应按合同或协议计列，无合同或协议要求的应按国家、各行业部门或工程所在地省级政府有关部门的规定估算。

4.2.18 基本预备费应以建设项目的工程费用和工程建设其他

费用之和为基数进行估算。

4.2.19 价差预备费宜根据国家或行业主管部门的具体规定估算，价差预备费应考虑建设前期和建设期的涨价因素。

4.2.20 建设期利息应根据建设期资金筹措方式和投资计划，以及相应的利率进行估算，并应包括相应的金融机构手续费、管理费等。

4.2.21 项目建议书阶段的流动资金可按分项详细估算法、扩大指标估算法进行估算，可行性研究阶段流动资金应按分项详细估算法进行估算。

4.2.22 生产经营性项目对铺底流动资金有要求的，应按国家或行业的有关规定进行估算。

4.2.23 投资估算的编制应符合下列规定：

1 投资估算的编制方法、编制深度等应符合《建设工程造价咨询合同（示范文本）》的有关规定；

2 在相同口径下，项目建议书阶段建设项目的投资估算的综合误差率应小于15%；

3 在相同口径下，可行性研究阶段建设项目的投资估算的综合误差率应小于10%。

4.3 投资估算审核

4.3.1 工程造价咨询企业应依据委托合同的要求，对项目投资估算进行审核。审核范围包括工程费用、工程建设其他费用、预备费、建设期利息和流动资金等。

4.3.2 投资估算的审核依据应包括下列内容：

1 国家、行业和地方有关规定；

2 相应的投资估算指标；

3 工程勘察与设计文件（方案）；

4 类似工程的技术经济指标和参数；

5 工程所在地同期的人工、材料、机械台班价格，以及设备的市场价格和有关费用；

6 政府有关部门、金融机构等部门发布的价格指数、利率、汇率、税率，以及工程建设其他费用标准等；

7 投资估算送审文件；

8 委托方提供的各类合同或协议及其他技术经济资料。

4.3.3 投资估算的审核应遵循下列工作程序：

1 接受委托，接收审核基础资料；

2 建立审核组织，制订工作方案；

3 对资料进行完整、合规性检查；

4 组织现场踏勘，做好查勘记录；

5 审核编制依据的正确性、编制方法的适用性、编制内容与要求的一致性，审核费用项目的完整性、合理性和准确性；

6 组织审核会议，整理有关记录，如议定的重大事项会议纪要、专家意见等；

7 修订投资估算，并由编审双方确认，提交审核报告。

4.3.4 投资估算审核的成果文件应包括投资估算审核报告书封面、投资估算审核报告、投资估算审定签署表、经审核的投资估算汇总表、经审核的单项工程投资估算汇总表、投资估算审核对比表等。投资估算审核的成果文件可按本标准附录B编制。

4.3.5 投资估算审核报告正文应阐述工程概况、审核范围、审核原则、审核依据、审核方法、审核程序、审核情况说明、审核结果、主要问题、有关建议、特殊情况的说明等。

4.3.6 投资估算的审核应符合下列规定:

1 编制单位、委托方认可工程造价咨询企业出具的投资估算审核成果文件，并在成果文件的签署页上签章。

2 编制单位或委托方对工程造价咨询企业出具的投资估算审核成果不认可，并未在成果文件的签署页上签字并盖章的，相同口径下，项目建议书阶段建设项目的投资估算审核结果综合误差率应小于15%；可行性研究阶段建设项目的投资估算审核结果综合误差率应小于10%。

4.4 经济评价

4.4.1 工程造价咨询企业应依据委托合同的要求，对建设项目进行经济评价。一般性项目的经济评价无特定要求时仅需进行财务评价。

4.4.2 财务评价应遵循以下工作程序:

1 收集、整理和计算有关财务评价基础数据与参数等资料；

2 估算各期现金流量；

3 编制基本财务报表；

4 财务评价指标的计算与分析；

5 不确定性分析和风险分析；

6 项目财务评价最终结论。

4.4.3 盈利能力分析应通过编制全部现金流量表、自有资金现金流量表和损益表等基本财务报表，计算财务内部收益率、财务净现值、投资回收期、投资收益率等指标进行定量判断。

4.4.4 清偿能力分析应通过编制资金来源与运用表、资产负债表等基本财务报表，计算借款偿还期、资产负债率、流动比率、速动比率等指标进行定量判断。

4.4.5 不确定性分析应通过盈亏平衡分析、敏感性分析等方法来进行定量判断。

4.4.6 风险分析应通过风险识别、风险估计、风险评价与风险应对等环节，进行定性与定量分析。

4.4.7 工程造价咨询企业应依据本标准 4.4.3 条～第 4.4.6 条的分析结果和评价指标，最终形成财务评价是否可行的结论。

5　设计阶段

5.1　一般规定

5.1.1　工程造价咨询企业在设计阶段，可接受委托承担下列工作：

1　设计概算的编制与审核；

2　施工图预算的编制与审核；

3　设计方案经济分析；

4　限额设计造价咨询；

5　设计优化造价咨询。

5.1.2　设计概算应控制在批准的投资估算范围内，施工图预算应控制在已批准的设计概算范围内。当遇有超概算情况时，应编制调整概算，提交分析报告，交委托人报原概算审批部门核准。

5.1.3　设计概算编制应依据相应工程造价管理机构发布的工程计价依据，并根据工程造价咨询企业积累的有关资料，以及编制同期的人工、材料、设备、机械台班市场价格和相关政策文件规定，合理确定建设项目总投资；编制施工图预算应依据相应工程造价管理机构发布的工程计价依据，并根据工程造价咨询企业积累的有关资料，以及编制同期的人工、材料、设备、机械台班市场价格，合理确定建设项目建安工程费。

5.1.4　设计概算和施工图预算审核应依据工程造价管理机构发布的工程计价依据及有关资料，对其编制依据、编制方法、编制内容及各项费用进行审核。

5.1.5 设计概算和施工图预算的审核可采用全面审核法、标准审核法、分组计算审核法、对比审核法、重点审核法、专家评审法等。应重点对工程量的计算，人、材、机要素价格的确定，定额子目的套用，管理费、利润、规费税金等计取的完整性、准确性及造价指标的合理性等进行审核。

5.1.6 设计方案经济分析应依据国家有关政策和现行标准，在委托方提供的多个设计方案基础上，运用价值工程原理，综合选取价值系数较高的方案作为优选方案。

5.1.7 方案阶段到初步设计阶段的限额设计投资目标应控制在批准的投资估算及设计任务委托书内，初设阶段到施工图阶段的限额设计投资目标应控制在批准的初步设计概算及设计任务委托书内。限额设计造价咨询业务应在保证建筑使用功能的前提下，在给定的造价或工程量指标及建设规模内进行设计，以求达到资金及建设规模的最优化配置。

5.2 设计概算编制

5.2.1 设计概算按委托内容可分为建设项目的设计概算、单项工程设计概算、单位工程设计概算及调整概算。

5.2.2 设计概算的建设项目总投资应由建设投资、建设期利息及流动资金组成。建设投资应包括工程费用、工程建设其他费用和预备费。工程费用应由建筑工程费、设备购置费、安装工程费组成。

5.2.3 设计概算的编制依据应包括下列内容：

1　国家、行业和地方有关规定；

2　相应工程造价管理机构发布的定额（或指标）及配套文件；

3　工程勘察与设计文件；

4　拟定或常规的施工组织设计和施工方案；

5　建设项目资金筹措方案；

6　工程所在地编制同期的材料价格，以及设备供应方式及供应价格；

7　建设项目的技术复杂程度，新技术、新材料、新工艺以及专利使用情况等；

8　建设项目批准的相关文件、合同、协议等；

9　政府有关部门、金融机构等发布的价格指数、利率、汇率、税率，以及工程建设其他费用等；

10　委托方提供的其他技术经济资料。

5.2.4　设计概算的编制（定额法）应遵循下列工作程序：

1　收集及熟悉工程项目有关资料、数据及政策文件等；

2　编制单位工程概算，分析单位工程经济技术指标；

3　编制单项工程概算；

4　计算工程建设其他费用；

5　计算预备费；

6　计算建设期贷款利息；

7　检查、调整不适当的费用，确定工程项目的设计概算总额。

5.2.5　设计概算文件应包括封面、签署页、目录、编制说明、总概算表、工程建设其他费用表、综合概算表、单位工程概算表等，设计概算编制成果文件可按本标准附录 C 编制。

5.2.6 当只有一个单项工程的建设项目时，应采用二级形式编制设计概算；当包含两个及以上单项工程的建设项目时，应采用三级形式编制。

5.2.7 设计概算应按逐级汇总进行编制，总概算应以综合概算为基础进行编制，综合概算应以建筑工程单位工程概算和设备及安装工程单位工程概算为基础进行编制。

5.2.8 总概算表纵向应分解到单项工程费，并应包括工程建设其他费用、预备费、建设期利息等，若为生产经营性项目还应包括流动资金，对铺底流动资金有要求的，应按国家或行业的有关规定进行估算。总概算表横向应分解到建筑工程费、设备购置费、安装工程费和其他费用。

5.2.9 综合概算表纵向应分解到单项工程，并计算主要单位工程费，横向应分解到建筑工程费、设备购置费及安装工程费。

5.2.10 建筑工程单位工程概算费用由分部分项工程费、措施项目费、规费和税金组成。

5.2.11 建筑工程概算的分部分项工程费应由各子目的工程量乘以各子目的综合单价汇总而成。各子目的工程量应按定额或指标的分部分项工程项目划分及其工程量计算规则计算，综合单价应包括人工费、材料费、机械费、管理费和利润。

5.2.12 各子目综合单价的计算可采用定额法和指标法，并应符合下列规定:

1 采用定额法时人工费、材料费、机械费应依据相应的定额子目的人材机要素消耗量，以及报告编制期人材机的市场价格等因素确定；管理费、利润等应依据定额及配套文件，并依据报告编制期拟建项目的实际情况、市场水平等因素确定。采用定额法编制单位工程概算时宜编制综合单价分析表。

2 采用指标法时应结合拟建工程项目特点，参照类似工程的指标，并应考虑指标编制期与报告编制期的人、材、机要素价格等变化情况确定该子目的综合单价。

5.2.13 建筑工程单位工程概算的措施项目费应按下列规定计算：

1 可以计量的措施项目费与分部分项工程费的计算方法相同，其费用应按本标准 5.2.11 条、第 5.2.12 条的规定计算。

2 综合计取的措施项目费应根据定额中的相关规定计算。

5.2.14 设备及安装工程单位工程费用由设备费、安装工程费组成，其概算的编制应符合下列规定：

1 设备购置费以及未纳入安装工程费的主要材料费，有订货合同的，应按订货合同确定，计算至抵达建设项目工地的入库价；无订货合同的应按类似工程的工程量，结合设备市场价格的实际情况，区分国产标准设备、国产非标准设备和进口设备分类计算，并应考虑设备运杂费和备品备件费。

2 安装工程费应由分部分项工程费、措施项目费、规费和税金组成。安装工程费的分部分项工程费应由各子目的工程量乘以各子目的综合单价汇总而成。各子目的工程量应按定额或指标的分部分项工程项目划分及其工程量计算规则计算，各子目的综合单价包括人工费、材料费、机械费、管理费和利润。安装工程各子目综合单价的计算可采用定额法和指标法，具体计算方法可按本标准 5.2.12 条的规定。安装工程的措施项目费可按本标准 5.2.13 条的规定计算。

5. 2. 15 工程建设其他费用、预备费、建设期利息、流动资金等，有合同约定的应按合同约定计算；无合同约定的应分别按本标准第 4.2.16 条 ~ 4.2.22 条的规定计算。

5. 2. 16 概算编制人员应根据项目特点和工程的具体情况，计算并分析整个建设项目的费用构成，以及各单项工程和主要单位工程的主要技术经济指标。

5. 2. 17 设计概算的编制应符合下列规定：

1 设计概算的编制方法、编制深度等应符合现行《建设工程造价咨询合同（示范文本）》的有关规定。

2 在相同口径下，建设项目的初步设计阶段设计概算的综合误差率应小于 6%。

5.3 设计概算审核

5. 3. 1 工程造价咨询企业应依据委托合同的要求，对项目设计概算进行审核。审核范围包括建筑工程费、设备购置费、安装工程费、工程建设其他费用、预备费、建设期利息和流动资金等。

5. 3. 2 设计概算的审核依据应包括下列内容：

1 国家、行业和地方有关规定；

2 相应工程造价管理机构发布的定额（或指标）及配套文件；

3 工程勘察与设计文件；

4 拟订或常规的施工组织设计和施工方案；

5 建设项目资金筹措方案；

6 工程所在地编制同期的材料价格，以及设备供应方式及供应价格；

7 建设项目的技术复杂程度，新技术、新材料、新工艺以及专利使用情况等；

8 建设项目批准的相关文件、合同、协议等；

9 政府有关部门、金融机构等发布的价格指数、利率、汇率、税率，以及工程建设其他费用等；

10 设计概算送审文件；

11 委托方提供的其他技术经济资料。

5.3.3 设计概算的审核应遵循下列工作程序：

1 接受委托，接收审核基础资料；

2 建立审核组织，制订工作方案；

3 对资料进行完整、合规性检查；

4 组织现场踏勘，做好查勘记录；

5 组织项目交底，开展价格调查、审核量价费等工作；

6 组织核对及问题分析处理工作；

7 组织审核会议，整理有关记录，如议定的会议纪要、专家意见等；

8 修订设计概算，并由编审双方确认，提交审核报告。

5.3.4 设计概算审核的成果文件应包括设计概算审核报告书封面、设计概算审核报告书、设计概算审定签署表、经审核的设计概算汇总表、设计概算审核对比表、经审核的设计概算与批复文件对比表等。设计概算审核的成果文件可按本标准附录D编制。

5.3.5 设计概算审核报告正文应阐述工程概况、审核范围、审核原则、审核依据、审核方法、审核程序、审核情况说明、审核结果、主要问题、有关建议、特殊情况的说明等。

5.3.6 设计概算的审核应满足下列要求：

1 编制单位、委托方认可工程造价咨询企业出具的设计概算审核成果文件，并在成果文件的签署页上签章。

2 编制单位或委托方对工程造价咨询企业出具的设计概算审核成果不认可，并未在成果文件的签署页上签字并盖章的，相同口径下，设计概算审核结果综合误差率应小于6%。

5.4 施工图预算编制

5.4.1 施工图预算按委托内容可分为建筑工程施工图预算、安装工程施工图预算。

5.4.2 施工图预算的编制依据应包括下列内容：

1 国家、行业和地方有关规定；

2 相应工程造价管理机构发布的定额及配套文件；

3 施工图设计文件及相关标准图集和规范；

4 项目相关文件、合同、协议等；

5 工程所在地编制同期的材料价格，以及设备供应方式及供应价格；

6 施工组织设计和施工方案；

7 项目的管理模式、发包模式及施工条件；

8 委托方提供的其他技术经济资料。

5.4.3 施工图预算的编制应遵循下列工作程序：

1 收集及熟悉工程项目有关资料；

2　制定工作方案；

3　组织现场踏勘，做好查勘记录；

4　组织项目交底；

5　开展价格调查、算量计价工作；

6　汇总、检查、调整不适当的费用，确定工程项目的施工图预算总额。

5.4.4　施工图预算成果文件应包括施工图预算封面、签署页及目录、编制说明、施工图预算汇总表、单项工程施工图预算汇总表、单位工程施工图预算表、综合单价分析表、补充单位估价表等。施工图预算成果文件可按本标准附录E编制。

5.4.5　编制说明应包括工程概况、编制范围、编制依据、主要技术经济指标、建筑及安装工程费用计算方法及其费用计取的说明及其他有关说明等。

5.4.6　施工图预算汇总表，纵向应按土建和安装两类单位工程进行汇总，也可按施工单位所承担的各单位工程项目进行汇总，还可按建设项目的各单项工程构成进行汇总。

5.4.7　编制单位工程施工图预算纵向应按照定额的定额子目划分，细分到定额子目层级。建筑工程施工图预算表横向可分解为序号、定额编号、工程项目（或定额名称）、单位、数量、综合单价、合价等项目，安装工程施工图预算表横向可分解为序号、定额编号、工程项目（或定额名称）、单位、数量、综合单价、合价、其中主材费等项目。

5.4.8　建筑工程施工图预算费用由分部分项工程费、措施项目费、其他项目费、规费和税金组成。

5.4.9 建筑工程预算的分部分项工程费应由各子目的工程量乘以各子目的综合单价汇总而成。各子目的工程量应按定额的项目划分及其工程量计算规则计算。各子目的综合单价应包括人工费、材料费、机械费、管理费和利润。

5.4.10 各子目综合单价的计算可通过定额及其配套文件确定。编制建筑工程预算时应同时编制综合单价分析表。

5.4.11 建筑工程预算的措施项目费应按下列规定计算：

1 可以计量的措施项目费与分部分项工程费的计算方法相同，其费用应按本标准第 5.4.9 条和第 5.4.10 条的规定计算。

2 综合计取的措施项目费应根据定额或计价定额中的相关规定计算。

5.4.12 安装工程预算的安装工程费应由分部分项工程费、措施项目费、其他项目费、规费和税金组成，并应符合下列规定：

1 安装工程的分部分项工程费应由各子目的工程量乘以各子目的综合单价汇总而成。各子目的工程量应按定额项目划分及其工程量计算规则计算。各子目的综合单价应包括人工费、材料费、机械费、管理费和利润。安装工程各子目综合单价可按本标准第 5.4.10 条的规定取定。

2 安装工程的措施项目费可按本标准第 5.4.11 条的规定计算。

5.4.13 编制施工图预算时，对定额中缺项的子目，应依据定额的编制的原则和方法编制补充单位估价表。

5.4.14 施工图预算的编制应满足下列要求：

1 施工图预算的编制方法、编制深度等应符合现行《建设工程造价咨询合同（示范文本）》的有关规定。

2 相同口径下，施工图预算的综合误差率应小于5%。

5.5 施工图预算审核

5.5.1 工程造价咨询企业应依据委托合同的要求，对项目施工图预算进行审核。审核范围包括建筑工程费、安装工程费等。

5.5.2 施工图预算的审核依据应包括下列内容：

1 国家、行业和地方有关规定；

2 相应工程造价管理机构发布的定额及配套文件；

3 施工图设计文件及相关标准图集和规范；

4 项目相关文件、合同、协议等；

5 工程所在地编制同期的材料价格，以及设备供应方式及供应价格；

6 施工组织设计和施工方案；

7 项目的管理模式、发包模式及施工条件；

8 施工图预算送审文件；

9 委托方提供的其他技术经济资料。

5.5.3 施工图预算的审核应遵循下列工作程序：

1 接受委托，接收审核基础资料；

2 建立审核组织，制定工作方案；

3 对资料进行完整、合规性检查；

4 组织现场踏勘，做好查勘记录；

5 组织项目交底，开展价格调查、核量价费等工作；

6 组织核对及问题分析处理工作；

7 组织审核会议，整理有关记录，如议定的会议纪要、专家意见等；

8 修订施工图预算，并由编审双方确认，提交审核报告。

5.5.4 施工图预算审核的成果文件应包括施工图预算审核报告书封面、施工图预算审核报告书、施工图预算审定签署表、经审核的施工图预算、施工图预算审核对比表、经审核的施工图预算与批复文件对比表等。施工图预算审核的成果文件可按本标准附录 F 编制。

5.5.5 施工图预算审核报告正文应阐述工程概况、审核范围、审核原则、审核依据、审核方法、审核程序、审核情况说明、审核结果、主要问题、有关建议、特殊情况的说明等。

5.5.6 施工图预算的审核应满足下列要求:

1 编制单位、委托方认可工程造价咨询企业出具的施工图预算审核成果文件，并在成果文件的签署页上签章。

2 编制单位或委托方对工程造价咨询企业出具的施工图预算审核成果不认可，并未在成果文件的签署页上签字并盖章的，相同口径下，施工图预算审核结果综合误差率应小于 5%。

5.6 设计方案经济分析

5.6.1 设计方案经济分析按委托内容可分为总体设计方案经济分析和专项设计方案经济分析。

5.6.2 设计方案经济分析可采用定性和定量分析相结合的经济分析方法。

5.6.3 设计方案经济分析需与设计及技术专业人员共同完成。

5.6.4 设计方案经济分析依据应包括下列内容：

1 国家、行业和地方有关规定；

2 相应工程造价管理机构发布的定额（或指标）及配套文件；

3 设计方案文件；

4 类似工程的技术经济指标和参数；

5 拟定或常规的施工组织设计和施工方案；

6 工程所在地编制同期的人工、材料、机械台班价格，以及设备的市场价格和有关费用；

7 委托方提供的其他相关资料。

5.6.5 方案经济分析应遵循下列工作程序：

1 收集、整理有关经济分析基础资料与参数等资料；

2 结合委托方需求，组织设计、技术及经济专业人员确定影响设计方案的各项功能，对方案的功能项目赋予权重并打分；

3 根据总体设计方案及专项设计方案深度选择适宜方法对造价进行测算；

4 运用价值工程计算各方案的功能系数、成本系数、价值系数，选出最优方案；

5 完成经济分析报告。

5.6.6 成果文件为总体设计方案经济分析报告或专项设计方案经济分析报告，主要包括封面、签署页、编制说明、方案经济分析打分表、功能打分汇总表、功能系数计算表、方案费用测算表、成本系数计算表、价值系数计算表、分析结论总述。方案经济分析打分表、功能打分汇总表、功能系数计算表、成本系数计算表、价值系数计算表等成果文件可按本标准附录 G 编制，方案费用测算表可按本标准附录 A、附录 C 编制。

5.6.7 编制说明应包括下列内容：

1 工程及设计方案概况；

2 设计方案经济分析范围；

3 经济分析依据；

4 影响设计方案的各项功能及其权重概述；

5 有关参数和指标说明以及特殊问题说明。

5.6.8 方案经济分析打分表、功能打分汇总表确定应注意下列事项：

1 各项功能根据项目特点结合委托方的需求进行设定，可从技术先进性、适用性、可靠性、安全性和经济性等方面进行考虑，对各项功能分别给予不同权重；

2 各方案功能的权重及得分可采用专家组评分，专家人数不低于设定功能项数，专家名单需得到委托方确认；

3 专家组成员应依据委托方需求，专业、客观、公正地对功能项进行评判和打分；

4 专家组成员对功能权重的打分可采用十分制。

5.6.9 功能系数计算表、成本系数计算表、价值系数计算表需运用价值工程原理计算，应综合选取价值系数较高的方案作为优选方案。

5.6.10 计算成本系数所采用的单方造价或总造价的误差率应控制在编制相应测算时要求的综合误差率内。

5.7 限额设计造价咨询

5.7.1 限额设计造价咨询按委托内容可分为方案阶段到初步设计阶段的限额设计造价咨询、初步设计阶段到施工图阶段的限额设计造价咨询。

5.7.2 工程造价专业人员需与设计人员共同完成限额设计造价咨询工作。

5.7.3 限额设计造价咨询的依据应包括下列内容：

1 国家、行业和地方有关规定；

2 工程勘察与设计方案或初步设计文件；

3 经批准的投资估算、初步设计概算及设计任务书；

4 相应工程造价管理机构发布的定额（或指标）及配套文件；

5 类似工程的技术经济指标和参数；

6 拟定或常规的施工组织设计和施工方案；

7 工程所在地编制同期的人工、材料、机械台班价格，以及设备的市场价格和有关费用；

8 建设项目的技术复杂程度，新技术、新材料、新工艺以及专利使用情况等；

9 政府有关部门、金融机构等部门发布的价格指数、利率、汇率、税率等；

10 委托方提供其他技术经济资料。

5.7.4 初步设计阶段限额设计投资目标纵向应分解到单位工程，对建设项目影响较大的专项工程也可单独分解；施工图设计阶段限额设计投资目标纵向应分解到分部或分项工程。

5.7.5 关键控制点应根据项目具体情况，可按下列原则选择：

1　造价占比较大的项目；

2　设计变化对造价影响较大的项目；

3　市场价格波动较大的项目；

4　采用新材料、新工艺的项目；

5　工程造价专业人员与设计人员共同确认关键的项目。

5.7.6　设计文件造价测算分解深度应与限额设计指标书一致。初步设计阶段设计文件造价测算编制深度应达到初步设计概算深度，施工图设计阶段设计文件造价测算编制深度应达到施工图预算深度。

5.7.7　限额设计造价咨询应遵循下列工作程序：

1　了解委托方需求，收集、整理、熟悉项目相关资料；

2　分析总限额目标的合理性及限额设计实现的可能性；

3　按项目实施内容和标准进行总限额分析和分解，配合设计人员进行方案预设计；

4　确定限额设计分解目标及建设规模，提出关键控制点，向设计人员下达限额设计指标书；

5　实时监控设计方案造价情况，重点关注关键控制点，一旦出现超限的情况，配合设计人员进行优化调整测算分析，直至满足限额要求，并出具限额设计关键控制点报告书；

6　在最终设计文件确定前，对设计文件进行全面造价测算，直至满足限额设计目标，出具限额设计文件造价测算报告书。

5.7.8　限额设计造价咨询成果文件应包括限额设计指标书、限额设计关键控制点报告书、限额设计造价测算报告书。限额设计成果文件可按本标准附录 H 编制。

5.7.9 限额设计指标书应包括封面、签署页、编制说明、初步设计限额设计指标表或施工图设计限额设计指标表。编制说明应包括工程概况、总限额目标合理性分析、限额设计指标及其他需要说明的内容。

5.7.10 限额设计指标表宜按单项工程为单位进行编制，并经委托方、工程造价专业人员、设计人员确认。

5.7.11 限额设计关键控制点报告书应包括封面、签署页、编制说明。编制说明应包括工程概况、关键控制点的选取、关键控制点动态监控说明、控制成果及其他需要说明的内容。

5.7.12 限额设计文件造价测算报告书应包括封面、签署页、编制说明、造价测算与限额设计指标对比分析表。编制说明应包括工程概况、造价测算及设计文件调整过程的说明、造价测算结果与限额设计指标对比分析及其他需要说明的内容。

5.7.13 在满足委托方对建设项目使用需求的前提下，限额设计投资目标及建设规模均应控制在限额设计指标书确定的范围内。

5.8 设计优化造价咨询

5.8.1 设计优化造价咨询的依据应包括下列内容：

1 工程造价管理机构发布的定额及配套文件；

2 类似项目相关指标；

3 施工图设计文件及相关标准图集和规范；

4 项目相关文件、合同、协议等；

5 工程所在地的人工、材料、设备、施工机械价格；

6 其他应提供的资料。

5. 8. 2 设计优化造价咨询服务应包括下列工作内容：

1 对项目设计文件所采用的标准、技术方案、工程措施等的技术、经济合理性，结合工程造价管理机构发布的指标及类似项目的指标进行全面对比分析，并提出优化建议；

2 对优化前后的设计文件进行造价测算和对比分析。

5. 8. 3 设计优化造价咨询应包括下列成果文件：

1 设计优化建议报告；

2 设计优化前后造价对比分析报告；

3 成果文件可按本标准附录 J 编制。

5. 8. 4 设计优化造价咨询的服务成果应满足下列要求：

1 符合国家、四川省相关标准要求；

2 符合项目特点和实际情况，优化后方案更加经济合理。

6 发承包阶段

6.1 一般规定

6.1.1 工程造价咨询企业在发承包阶段可接受委托承担下列工作：

1 合约规划、招标/采购策划与合同管理；

2 造价风险分析；

3 工程量清单的编制与审核；

4 招标控制价的编制与审核；

5 投标报价编制；

6 投标报价分析。

6.2 合约规划、招标/采购策划与合同管理

6.2.1 合约规划的具体工作包括对项目的合同体系、合同关系、合同类型及金额分解、合同文本、招标计划等进行设计。合约规划相应格式可按本标准附录K.0.1进行编制。

6.2.2 工程造价咨询企业可按约定向委托人提供或参与下列招标/采购策划的服务工作：

1 发承包模式的选择；

2 总承包与专业分包之间、各专业分包之间、各标段之间发承包范围的界定；

3 拟采用的合同形式和合同范本；

4 合同中拟采用的计价方式；

5 拟采用的主要材料和设备供应及采购方式；

6 发包人与各承包人或各承包人之间的合同关系，及其各自的职责范围。

6.2.3 工程造价咨询企业可接受委托，参与拟定招标/采购文件中下列与工程造价有关的合同条款：

1 合同计价方式的选择；

2 主要材料、设备的供应和采购方式；

3 预付工程款的数额、支付时间及抵扣方式；

4 安全文明施工措施的支付计划、使用要求等；

5 工程计量与支付工程进度款的方式、数额及时间；

6 工程价款的调整因素、方法、程序、支付及时间；

7 施工索赔与现场签证的程序、金额确认与支付时间；

8 承担计价风险的内容、范围及超出约定内容、范围的调整办法；

9 工程竣工价款结算编制与核对、支付及时间；

10 合同解除的价款结算与支付方式；

11 工程质量保证金的数额、预留方式及时间；

12 违约责任及发生工程价款争议的解决方法及时间；

13 与履行合同、支付价款有关的其他事项等。

6.2.4 招标/采购文件和合同范本的选用应当根据项目特点、项目规模、项目管理模式、发承包方式、合同价款方式、工程计价方式等因素综合选用国家发布或允许使用的文本。

6.2.5 招标/采购文件和合同条款的拟定应依据下列内容：

1 国家现行的法律法规、地方性法规、部门规章；

2 项目特点、标段划分、招标范围、工作内容、工期要求、合同价款方式、设计图纸、技术要求、地质资料、参考资料、现场条件、管理要求等由委托人提供的文件资料；

3 工程建设标准、标准图集、计价规范、计价定额、材料价格信息等。

6.2.6 实行招标的工程合同价款应在中标通知书发出之日起 30 日内，由发承包双方依据招标/采购文件和中标人的投标文件在书面合同中约定。

合同约定不得违背招、投标文件中关于工期、造价、质量等方面的实质性内容。招标/采购文件与中标人投标文件不一致的地方，以投标文件为准。

6.2.7 不实行招标的工程合同价款，在发、承包双方认可的工程价款基础上，由发承包双方在合同中约定。

6.2.8 实行工程量清单计价的工程，应当采用单价合同；合同工期较短、建设规模较小，技术难度较低，且施工图设计已审查完备的建设工程可以采用总价合同；紧急抢险、救灾以及施工技术特别复杂的建设工程可以采用成本加酬金合同。

6.2.9 合同中没有按照本标准第 6.2.3 条的要求约定或约定不明的，若发承包双方在合同履行中发生争议由双方协商确定；协商不能达成一致的，按现行国家标准《建设工程工程量清单计价规范》GB 50500、现行合同文本等相关规定执行。

6.3 造价风险分析

6.3.1 工程造价咨询企业可接受委托进行造价风险分析，提出专业性建议，提交造价风险分析报告，供委托人参考。

6.3.2 造价风险分析应依据招标/采购文件、投标文件、拟定施工合同、勘察及设计文件等相关资料、市场价格信息、工程计价有关规定进行。

6.3.3 造价风险分析应包括下列内容：

1 招标/采购文件、拟定施工合同风险分析；

2 勘察与设计文件深度、规范性风险分析；

3 工程量清单与招标控制价风险分析；

4 投标文件风险分析；

5 材料设备价格等市场风险分析；

6 人工、税费等政策性调价风险分析；

7 项目管理风险分析；

8 资料管理风险分析等。

6.3.4 造价风险分析应遵循下列程序：

1 收集、整理项目有关造价风险的基础资料与数据等；

2 对招投标文件、拟定合同文件、勘察及设计文件等既有资料进行梳理，针对资料中可能对造价产生影响的条款进行分析，测算可能造成影响的金额，提出预防措施；

3 关注市场价格变化趋势，对因市场变化可能造成影响的金额进行测算，提出成本风险预警；

4 实时了解项目动态，对项目质量、项目工期、项目资料等变化可能产生影响的造价进行测算，提出合理化建议，对可预防事件进行预防，对不可逆事件及时提出应对措施，防止风险继续扩大；

5 针对造价风险形成造价测算分析与建议报告。

6.3.5 造价风险分析应提交成果文件为造价风险分析报告，内容宜包括项目概况、风险分析数据、潜在风险因素、风险影响程度、预防与管控措施、其他建议等，格式可按本标准附录 K.0.2 进行编制。

6.3.6 造价风险分析的成果文件应满足下列要求：

1 风险分析应有针对性、预判性、可行性，预防风险产生不利后果；

2 因风险产生的不利后果须有针对性、可操作性的应对和预警措施，及时有效地阻止或防止风险的扩大。

6.4 工程量清单编制

6.4.1 工程量清单应以单位（项）工程为单位编制，应由分部分项工程量清单、措施项目清单、其他项目清单、规费和税金项目清单组成。具体内容、要求、表格格式等应按照现行国家计价规范、计量规范及我省建设行政主管部门颁布的计价办法进行编制。

6.4.2 工程量清单的编制依据应包括下列内容：

1 现行国家标准《建设工程工程量清单计价规范》GB 50500 和相关工程的国家计量规范；

2 国家或我省、行业建设主管部门颁发的计价定额和办法；

3 建设工程设计文件及相关资料；

4　与建设工程有关的标准、规范、技术资料；

5　拟定的招标/采购文件；

6　施工现场情况、地勘水文资料、工程特点及常规施工方案；

7　其他相关资料。

6.4.3　工程量清单编制应当遵循下列程序：

1　了解编制要求和范围；

2　熟悉工程图纸及有关设计文件；

3　熟悉与建设工程项目有关的标准、规范、技术资料；

4　熟悉已经拟定的招标/采购文件及补充通知、答疑纪要等；

5　了解施工现场情况、工程特点；

6　拟定或参考常规的施工组织设计或施工方案；

7　描述分部分项工程量特征，计算分部分项工程量，编制分部分项工程量清单；

8　编制常规措施项目清单、其他项目清单、规费和税金项目清单；

9　工程造价成果文件汇总、分析、审核；

10　成果文件签字、盖章；

11　提交成果文件。

6.4.4　工程量清单编制的成果文件应满足下列要求：

1　工程量清单的编制应符合现行国家标准《建设工程工程量清单计价规范》GB 50500 的有关规定；

2　工程量清单成果文件质量应满足《建设工程造价咨询合同（示范文本）》的相关要求；

3　相同口径下，工程量清单中项目特征描述错误的子目数量占工程量清单全部子目数量的比例应小于3%；

4 相同口径下，因工程量清单错误造成该招标项目招标控制价的综合误差率应小于5%。

6.5 工程量清单审核

6.5.1 工程量清单审核的依据包括本标准第6.4.2条规定的工程量清单的编制依据以及委托人提供的工程量清单。

6.5.2 工程量清单审核应当遵循下列程序：

1 了解审核要求和范围；

2 熟悉工程图纸及有关设计文件；

3 熟悉与建设工程项目有关的标准、规范、技术资料；

4 熟悉已经拟定的招标/采购文件及补充通知、答疑纪要等；

5 了解施工现场情况、工程特点；

6 论证并拟定或参考常规的施工组织设计或施工方案；

7 熟悉工程量清单；

8 复核分部分项工程项目特征、工程量、计量单位等，审核分部分项工程量清单；

9 审核常规措施项目清单、其他项目清单、规费和税金项目清单；

10 实施编审核对、工作协调会等与审核有关的工作；

11 工程造价成果文件汇总、分析、审核；

12 成果文件签字、盖章；

13 提交成果文件。

6.5.3 工程量清单审核应重点包括下列内容：

1 编制依据的合法性、时效性及适用性；

2 资料的完整性、合规性；

3 编制范围、界面划分的准确性；

4 分部分项工程量清单、措施项目清单、其他项目清单、规费和税金项目清单组成的完整性；

5 清单项目编码、项目名称、项目特征、计量单位、工程量的准确性等。

6.5.4 工程量清单审核的成果文件应满足下列要求：

1 工程量清单的审核应符合现行国家标准《建设工程工程量清单计价规范》GB 50500 的有关规定；

2 工程量清单审核的成果文件质量应满足《建设工程造价咨询合同（示范文本）》的相关要求；

3 相同口径下，工程量清单中项目特征描述错误的子目数量占工程量清单全部子目数量的比例应小于 3%；

4 相同口径下，因工程量清单错误造成该招标项目招标控制价的综合误差率应小于 5%。

6.6 招标控制价编制

6.6.1 招标控制价应由分部分项工程费、措施项目费、其他项目费、规费和税金组成，具体内容、要求、表格格式等应按照国家计价规范、计量规范及我省建设行政主管部门颁布的计价办法进行编制。

6.6.2 招标控制价应根据下列依据编制：

1 现行国家标准《建设工程工程量清单计价规范》GB 50500；

2 国家或我省、行业建设主管部门颁发的计价定额和计价办法；

3 建设工程设计文件及相关资料；

4 拟定的招标/采购文件及招标工程量清单；

5 与建设项目相关的标准、规范、技术资料；

6 施工现场情况、工程特点及常规施工方案；

7 工程造价管理机构发布的工程造价信息；当工程造价信息没有发布时，参照市场价；

8 其他的相关资料。

6.6.3 招标控制价编制时应当遵循下列程序：

1 了解编制要求和范围；

2 熟悉工程图纸及有关设计文件；

3 熟悉与建设工程项目有关的标准、规范、技术资料；

4 熟悉已经拟定的招标/采购文件及补充通知、答疑纪要等；

5 了解施工现场情况、工程特点；

6 熟悉工程量清单；

7 掌握工程量清单涉及计价要素的信息价格和市场价格，依据招标/采购文件确定其价格；

8 进行分部分项工程量清单计价；

9 论证并拟定常规的施工组织设计或施工方案；

10 进行措施项目、其他项目、规费和税金计价；

11 工程造价成果文件汇总、分析、审核；

12 成果文件签字、盖章；

13 提交成果文件。

6.6.4 分部分项工程和措施项目中的单价项目，应根据拟定的招标/采购文件和招标工程量清单项目中的特征描述及有关要求确定综合单价计算。综合单价中应包括拟定的招标/采购文件中划分的应由投标人承担的风险范围及费用。拟定的招标/采购文件没有明确的，应提请招标人明确。

6.6.5 措施项目中的总价项目应根据拟定的招标/采购文件和常规施工方案计价，其中的安全文明施工费必须按照国家或我省、行业建设主管部门的规定计算，不得作为竞争性费用。

6.6.6 其他项目费应按下列规定计价：

1 暂列金额应按招标工程量清单中列出的金额填写；

2 暂估价中的材料、工程设备单价应按招标工程量清单中列出的单价计入综合单价；

3 暂估价中的专业工程金额应按招标工程量清单中列出的金额填写；

4 计日工应按招标工程量清单中列出的项目根据工程特点和有关计价依据确定综合单价计算；

5 总承包服务费应根据招标工程量清单列出的内容和要求估算。

6.6.7 规费和税金必须按国家或我省、行业建设主管部门的规定计算，不得作为竞争性费用。

6.6.8 招标控制价编制的成果文件应满足下列要求：

1 招标控制价的编制应符合现行国家标准《建设工程工程量清单计价规范》GB 50500 的有关规定；

2 招标控制价成果文件质量应满足《建设工程造价咨询合

同（示范文本）》的相关要求；

3 相同口径下，造价咨询企业采用招标人发布的工程量清单，单独编制招标控制价的综合误差率应小于3%。

6.7 招标控制价审核

6.7.1 招标控制价的审核依据包括本标准第6.6.2条规定的招标控制价的编制依据以及委托人提供的招标控制价。

6.7.2 招标控制价审核时应当遵循下列程序：

1 了解审核要求和范围；

2 熟悉工程图纸及有关设计文件；

3 熟悉与建设工程项目有关的标准、规范、技术资料；

4 熟悉已经拟定的招标/采购文件及补充通知、答疑纪要等；

5 了解施工现场情况、工程特点；

6 熟悉工程量清单、招标控制价；

7 掌握招标控制价涉及计价要素的信息价格和市场价格，依据招标/采购文件确定其价格；

8 审核分部分项工程量清单计价；

9 论证并拟定常规的施工组织设计或施工方案；

10 审核措施项目、其他项目、规费和税金计价；

11 实施编审核对、工作协调会等与审核有关的工作；

12 工程造价成果文件汇总、分析、审核；

13 成果文件签字、盖章；

14 提交成果文件。

6.7.3 招标控制价审核应重点包括下列内容：

1　编制依据的合法性、时效性及适用性；

2　资料的完整性、合规性；

3　编制范围、界面划分的准确性；

4　分部分项工程费、措施项目费、其他项目费、规费和税金组成的完整性；

5　招标控制价的项目编码、项目名称、项目特征、计量单位、工程量等是否与发布的招标工程量清单一致；

6　招标控制价的总价是否全面，汇总是否正确；

7　综合单价的组成是否符合现行国家标准《建设工程工程量清单计价规范》GB 50500 及我省相关配套文件的要求；

8　措施项目相关的施工方案是否正确、可行，费用的计取是否符合现行国家标准《建设工程工程量清单计价规范》GB 50500 及相关配套文件的要求，其中的安全文明施工费是否执行了国家或我省、行业建设主管部门的规定；

9　风险是否合理、主要材料及设备的价格等是否正确、适当；

10　规费、税金是否符合现行国家标准《建设工程工程量清单计价规范》GB 50500 及相关配套文件的要求，是否执行了国家或我省、行业建设主管部门的规定。

6.7.4　招标控制价审核的成果文件应满足下列要求：

1　招标控制价的审核应符合现行国家标准《建设工程工程量清单计价规范》GB 50500 的有关规定；

2　招标控制价成果文件质量应满足《建设工程造价咨询合同（示范文本）》的相关要求；

3　相同口径下，造价咨询企业采用招标人发布的工程量清单，单独审核招标控制价的综合误差率应小于3%。

6.8　投标报价编制

6.8.1　除现行国家规范强制性规定外，投标人应依据招标/采购文件及其招标工程量清单自主确定投标报价，但不得低于工程成本。项目编码、项目名称、项目特征、计量单位、工程量必须与招标工程量清单一致。

6.8.2　投标报价应根据下列依据编制：

1　现行国家标准《建设工程工程量清单计价规范》GB 50500；

2　国家或我省、行业建设主管部门颁发的计价办法；

3　企业定额，国家或我省、行业建设主管部门颁发的计价定额；

4　招标/采购文件、工程量清单及其补充通知、答疑纪要；

5　建设工程设计文件及相关资料；

6　施工现场情况、工程特点及投标时拟定的投标施工组织设计或施工方案；

7　与建设项目相关的标准、规范等技术资料；

8　市场价格信息或工程造价管理机构发布的工程造价信息；

9　其他的相关资料。

6.8.3　分部分项工程和措施项目中的单价项目，应根据招标/采购文件和招标工程量清单项目中的特征描述及有关要求确定综合单价计算。综合单价中应包括招标/采购文件中划分的应由投标人承担的风险范围及费用，招标/采购文件没有明确的，应提请招标人明确。

6.8.4 措施项目中的总价项目金额应根据招标/采购文件及投标时拟定的施工组织设计或施工方案按现行国家标准《建设工程工程量清单计价规范》GB 50500的规定自主确定。其中安全文明施工费必须按照国家或我省、行业建设主管部门的规定计价，不得作为竞争性费用。

6.8.5 其他项目费应按下列规定报价：

1 暂列金额应按招标工程量清单中列出的金额填写；

2 材料、工程设备暂估价应按招标工程量清单中列出的单价计入综合单价；

3 专业工程暂估价应按招标工程量清单中列出的金额填写；

4 计日工应按招标工程量清单中列出的项目和数量，自主确定综合单价并计算计日工金额；

5 总承包服务费应根据招标工程量清单中列出的内容和提出的要求自主确定。

6.8.6 规费和税金必须按国家或我省、行业建设主管部门的规定计算，不得作为竞争性费用。

6.8.7 招标工程量清单与计价表中列明的所有需要填写的单价和合价的项目，投标人均应填写且只允许有一个报价。未填写单价和合价的项目，可视为此项费用已包含在已标价工程量清单中其他项目的单价和合价之中。

6.8.8 投标总价应当与分部分项工程费、措施项目费、其他项目费、规费和税金的合计金额一致。

6.8.9 投标文件格式、内容等应符合现行规范及招标/采购文件要求。

6.9 投标报价分析

6.9.1 在发承包阶段合同签订前，工程造价咨询企业可依据招标/采购文件对中标人的投标文件进行分析，对不明确的问题应在合同补充条款中进行明确。

6.9.2 工程造价咨询企业可接受委托，参与招投标过程中对中标候选人的投标报价的合规性、合理性分析工作。

6.9.3 投标报价分析应依据招标/采购文件、招标控制价、投标文件及工程计价有关规定。

6.9.4 对中标候选人投标报价应重点分析下列内容：

1 投标报价是否完整；

2 应该修正的投标报价是否已修正，修正后的投标报价是否高于招标控制价；

3 项目编码、项目名称、项目特征、计量单位、工程量是否完全符合招标/采购文件规定，有无遗漏或擅自修改；

4 不平衡报价；

5 费率取值是否正确，是否按定额人工费为计算基数，有无改动定额人工费标准的情况；

6 暂列金额是否按招标工程量清单中列出的金额填写；

7 招标人提供了材料、设备暂估单价的，是否按照暂估单价计入综合单价；

8 专业工程暂估价是否按招标工程量清单中列出的金额填写；

9 单价、合价、总价的计算是否正确；

10 其他明显违反现行国家计价规范和我省计价实施办法的规定，可能给国家、集体或相关单位造成较大经济损失的行为；

11 对中标候选人的投标文件存在的上述内容及其他潜在风险进行分析，并提出应对策略和合理化建议。

6.9.5 在投标报价分析活动中，仅对中标候选人的投标文件中有关报价存在的问题和风险提出书面意见，不应对投标文件进行任何修改。

6.9.6 投标报价分析的成果文件应满足下列要求：

1 依据充分，方法适宜，建议可行，结论明确；

2 满足现行相关规定及文件要求；

3 满足《建设工程造价咨询合同（示范文本）》的相关要求。

7 施工阶段

7.1 一般规定

7.1.1 工程造价咨询企业在施工阶段可接受委托承担下列工作:

1 签约合同价分析;

2 施工阶段合同管理咨询;

3 施工阶段造价风险分析;

4 建设项目资金使用计划编制;

5 工程预付款和进度款审核;

6 变更、签证及索赔造价管理;

7 询价与核价;

8 施工现场造价管理;

9 项目动态造价分析;

10 工程结算;

11 项目经济指标分析;

12 专项施工方案的造价测算。

7.1.2 工程造价咨询企业应要求委托人提供与该阶段工程造价相关的文件和资料,应包括下列内容:

1 投资估算及其批准文件;

2 设计概算及其批准文件;

3 工程勘察文件;

4 设计方案、拟定的专项施工组织设计和施工方案;

5 招标文件、施工图纸、工程量清单、招标澄清等文件；

6 招标控制价或施工图预算文件；

7 中标人的投标文件；

8 评标报告、投标报价分析报告、投标澄清文件等；

9 总承包合同、施工专业承包合同以及材料、设备采购合同等；

10 经认可的施工组织设计或拟定的专项施工方案；

11 其他有关资料。

7.1.3 工程造价咨询企业应收集下列资料：

1 相应工程造价管理机构发布的有关文件；

2 有关工程技术经济方面的标准等；

3 相应工程造价管理机构发布的工程造价信息或市场价格信息；

4 类似项目的各种技术经济指标和参数；

5 其他有关资料。

7.1.4 工程造价咨询企业可协助委托人建立项目工程造价管理制度与流程等。

7.1.5 施工阶段的工程计量与工程款支付应符合现行国家标准《建设工程工程量清单计价规范》GB 50500 及相关专业工程的工程量计算规范的相关规定。

7.1.6 施工阶段的项目造价风险分析报告、项目资金使用计划表、工程款支付台账、签约合同价与费用支付情况表、材料（设备）询价（核价）表、工程造价管理台账、工程造价动态管理与控制表，可按本标准附录 L 编制。

7.2 签约合同价分析

7.2.1 工程造价咨询企业接受发包人的委托进行施工阶段全过程造价控制，应对承包人的签约合同价进行全面详细分析及复核，经复核发现的问题可以单独出具报告，也可以在造价风险分析报告中进行反映。

7.2.2 对签约合同价的分析依据应包括下列内容：

1 国家、行业和地方有关规定；

2 招标文件、评标文件、中标文件、施工合同、专业分包合同等；

3 招标施工图等设计文件及相关标准图集和规范；

4 图纸会审文件、会议纪要等；

5 经审批的施工组织设计和施工方案；

6 其他应提供的资料。

7.2.3 对签约合同价的分析工作应包括下列内容：

1 对会审结果进行造价测算，提出优化建议；

2 根据招标施工图对工程进行重新计量；

3 对漏项工程量进行计价；

4 对错项进行计算修正；

5 清理分析不平衡投标报价对重新计量后的造价影响，并提出注意事项及处理方案；

6 分析重新计量后的造价差异，提出造价预控措施；

7 其他应分析的问题。

7.2.4 工程造价咨询企业按咨询合同要求向委托人单独出具签约合同价复核报告的，报告格式应符合下列要求：

1　报告封面应包括项目名称、编制单位名称和编制日期，成果文件名称应为“×××项目签约合同价复核报告”。

2　报告编制说明应包括中标人投标报价情况的整体介绍、复核工作的内容、工作方法及招标文件中涉及工程造价的要求或规定等。

3　报告正文宜阐述复核的内容、范围、方法以及复核结果和主要问题等，应主要包括下列内容：

1）算术性错误的复核与整理；

2）不平衡报价的分析与整理；

3）错项、漏项、多项的核查与整理；

4）综合单价、取费标准合理性分析和整理；

5）重新计量后工程量与中标工程量的差异及对合同价格的影响等。

7.2.5　签约合同价分析工作的成果文件应符合下列要求：

1　报告应遵循客观、公正、保密原则，应符合招标文件的要求，并认真履行国家标准的强制性条款，不得对投标人投标报价进行任何修改。

2　复核报告的定性应正确无误，相同口径下，复核报告的计算结果的综合误差率应小于3%。

7.3　施工阶段合同管理咨询

7.3.1　项目施工阶段的合同管理咨询主要应包括施工总包合同、施工专业承包合同以及材料、设备采购合同的合同分析、合同变更管理工作，并参与合同交底。

7.3.2 从工程造价控制角度，对已签订施工合同的合同范围、合同价款、合同风险分摊、合同价款变更调整条件和计算原则、合同中止或终止的结算原则、造价与质量/工期/安全/环保的对应奖惩条件、竣工结算的编制和审核办法、合同价款纠纷的解决方式等条款进行全面分析。

7.3.3 合同签订咨询，主要关注拟签订合同与招标文件实质性内容的一致性及与投标承诺的一致性，对招标补遗和投标报价分析中发现可能影响工程造价和其他方面的问题，提示应通过协商在合同中补充完善。

7.3.4 合同执行咨询，主要关注工程施工过程中，与合同价款相关事项是否与施工合同条款要求一致；若有补充协议，主要关注补充协议是否违背招标文件和主合同的实质性内容，防止通过补充协议方式转移合同风险和改变工程变更、签证、竣工结算等计算原则。

7.3.5 工程造价咨询企业接受施工总承包单位委托时，应对总承包单位下属单位及分包单位的分包合同进行管理，包括对分包合同的条款提出专业意见、对合同价款进行测算，并参与合同交底等。

7.3.6 施工阶段合同管理咨询服务应满足下列要求：

1 符合《中华人民共和国建筑法》《中华人民共和国招标投标法》《中华人民共和国招标投标法实施条例》《中华人民共和国合同法》等相关法律法规及行业标准；

2 咨询意见采用书面方式，坚持合法、合规、有序可查，具有可操作性。

7.4 施工阶段造价风险分析

7.4.1 工程造价咨询企业在项目施工阶段的造价控制中，应及时分析施工阶段可能发生的风险，对项目实施过程中的风险事项向委托人提出专业性建议，提交造价风险分析报告。

7.4.2 造价风险分析应依据招标文件、投标文件、施工合同、设计文件等工程相关资料、市场价格信息，以及工程计价有关规定进行。

7.4.3 造价风险分析一般包括下列工作内容：

1 合同风险分析；

2 投标文件风险分析；

3 材料设备价格等市场风险分析；

4 人工、机械等政策性调价风险分析；

5 变更索赔风险分析；

6 项目管理风险分析；

7 资料管理风险分析等。

7.4.4 工程造价咨询企业在施工阶段的造价控制中，应根据各类风险对项目造价管理的影响提出书面专业建议，供委托人参考。

7.4.5 造价风险分析应遵循下列工作程序：

1 收集、整理项目施工阶段有关造价风险的基础资料与数据等；

2 对合同文件、招投标文件等内容进行梳理，针对文件中可能对项目造价管理产生影响的条款进行分析，测算造成的影响金额，提出预防措施；

3 关注市场价格变化趋势，对因市场变化造成的造价影响进行测算，提出造价风险预警；

4 项目施工过程中实时了解项目动态，对项目变更索赔、项目工期、项目资料等变化可能产生的造价影响进行测算，提出合理化建议，对可预防事件进行预防，对不可逆事件及时提出应对措施，防止风险继续扩大；

5 在施工阶段针对各造价风险阶段性形成造价测算分析报告。

7.4.6 项目施工阶段造价风险分析应提交成果文件为造价风险分析报告。报告内容宜包括各类风险分析数据、项目存在的风险点、风险严重程度以及预防措施等。

7.4.7 施工阶段造价风险分析的成果文件应满足下列要求：

1 风险问题的分析应有针对性、预判性、可能性，预防风险问题产生不利后果；

2 因风险问题对产生的不利后果须有应对措施，及时阻止风险问题的扩大。

7.5 项目资金使用计划编制

7.5.1 项目资金使用计划应根据施工合同和批准的施工组织设计进行编制，应与计划工期、预付款支付时间、进度款支付节点、竣工结算支付节点等相符。

7.5.2 项目资金使用计划应根据工程量变化、工期、建设单位资金情况等定期或适时调整。

7.5.3 项目资金使用计划编制成果文件为项目资金使用计划表。

7.5.4 项目资金使用计划编制成果文件应满足下列要求:

1 符合项目实际情况;

2 对委托人的资金组织安排工作有指导性。

7.6 工程预付款和进度款审核

7.6.1 工程造价咨询企业应根据工程施工或采购合同中有关的工程计量周期、时间及合同价款支付时间等约定，进行工程计量和审核合同价款支付申请。

7.6.2 工程造价咨询企业应对承包人提交的工程预付款报表进行审核，根据合同约定确定工程预付款金额，并向委托人提交预付款审核报告;

7.6.3 工程造价咨询企业应对承包人提交的工程计量结果进行审核，根据合同约定确定本期应付合同价款金额，并向委托人提交合同价款支付审核意见。

7.6.4 工程造价咨询企业应对所咨询的项目建立工程款支付台账，编制签约合同价与费用支付情况表。工程款支付台账应按施工合同分类建立，其内容应包括已完合同价款金额、已支付合同价款金额、预付款金额、未支付合同价款金额等。

7.6.5 工程造价咨询企业向委托人提交的工程款支付审核意见，应包括下列主要内容:

1 工程合同总价款;

2 期初累计已完成的合同价款及其占总价款比例;

3 期末累计已实际支付的合同价款及其占总价款比例;

4 本周期合计完成的合同价款及其占总价款比例;

5 本周期合计应扣减的金额及其占总价款比例；

6 本周期实际应支付的合同价款及其占总价款比例。

7.6.6 工程造价咨询企业根据咨询合同约定，在工程的施工阶段可按照竣工结算的有关要求，编制或审核期中结算和专业工程分包结算，确定合同款项和应支付的数额等。

7.6.7 工程造价咨询企业对工程预付款和进度款进行审核，应分阶段出具下列成果文件：

1 工程计量与支付审核报告（预付款、进度款）或工程计量与支付申请书（预付款、进度款）；

2 分包预付款和进度款审核报告；

3 工程款支付台账。

7.6.8 预付款及进度款审核的成果文件格式应满足下列要求：

1 工程计量及支付审核成果文件封面应包括项目名称、承包人名称、编制单位名称和编制日期，成果文件名称应为“×××项目工程计量与支付审核报告”。

2 工程计量及支付审核报告编制说明应包括审核付款依据的合同条款和合同摘要、相关技术文件、往来函件名称、承包人申请的付款金额、抵扣的项目工程款（包括预付款）、工程造价咨询企业审核的付款金额、应扣减的金额说明情况等。合同摘要主要内容包括合同总价、合同工期、合同形式、支付方式、预付款额度、预付款抵扣方式、质量保证金比例及返还方式、误期损害赔偿、变更价款及支付方式、其他与支付相关情况的说明。

7.6.9 预付款及进度款审核的成果文件质量应满足下列要求：

1 工程计量及支付审核报告的编制应遵从发承包双方的合

同约定。工程计量与支付审核报告的编制方法、编制深度等应符合现行国家标准《建设工程工程量清单计价规范》GB 50500 的有关规定。

2 在相同的口径下，工程计量与支付审核报告的综合误差率应小于 5%。

7.7 变更、签证及索赔造价管理

7.7.1 工程造价咨询企业接受委托人要求，应按施工合同约定对工程变更、工程索赔和工程签证进行造价管理。

7.7.2 工程造价咨询企业对工程变更、工程签证确认前，应对工程变更、工程签证可能引起的费用变化进行测算提出建议，并应根据施工合同的约定,对有效的工程变更和工程签证进行审核。计算工程变更、工程签证引起的费用变化，根据施工合同约定计入当期工程造价。工程造价咨询企业对工程变更、工程签证等认为签署不明或有疑义时，可要求施工单位与建设单位或监理单位进行澄清。

7.7.3 工程造价咨询企业收到工程索赔费用申请报告后，应在施工合同约定的时间内予以审核，并应出具工程索赔费用审核报告，或要求申请人进一步补充索赔理由和依据。

7.7.4 工程造价咨询企业对工程变更和工程签证的审核应包括下列内容：

1 变更或签证的必要性、合理性；

2 变更或签证方案的合法性、合规性、有效性；

3 变更或签证方案的可行性、经济性；

4 变更或签证价款计算的准确性。

7.7.5 工程造价咨询企业对工程索赔费用的审核应包括下列内容：

1 索赔事项的时效性、程序的有效性和相关手续的完整性；

2 索赔理由的真实性和正当性；

3 索赔资料的全面性和完整性；

4 索赔依据的关联性；

5 索赔工期和索赔费用计算的准确性。

7.7.6 工程造价咨询企业审核工程索赔费用后，应在签证单上签署意见或出具报告，应包括下列内容：

1 索赔事项和要求；

2 审核范围和依据；

3 审核引证的相关合同条款；

4 索赔费用审核计算方法；

5 索赔费用审核计算细目。

7.7.7 工程造价咨询企业应对工程变更、工程签证和工程索赔的相关资料进行收集，建立工程变更、签证和工程索赔管理台账。

7.7.8 变更、签证及索赔管理工作应满足下列要求：

1 变更、签证、索赔的计算和审核应遵从发承包双方的合同约定；

2 编制方法、编制深度等应符合现行国家标准《建设工程工程量清单计价规范》GB 50500 的有关规定。

7.8　询价与核价

7.8.1　工程造价咨询企业可接受委托，承担人工、主要材料、设备、机械台班及专业工程等市场价格的咨询工作，并应出具相应的价格咨询报告或审核意见。

7.8.2　工程造价咨询企业在确定或调整建筑安装工程的人工费时，可根据合同约定、相关工程造价管理机构发布的信息价格以及市场价格信息进行计算；

7.8.3　工程造价咨询企业对项目主要材料、设备、机械台班及专业工程等相关价格进行询价与核价时，应根据合同约定的材料、设备、机械台班的询价与核价流程进行，可按照市场调查取得价格信息进行计算。

7.8.4　开展主要材料、设备的询价与核价工作时，工程造价咨询企业应根据合同约定或委托人认可的材料和设备名称、规格、品牌进行市场调查、询价，收集询价资料，整理并出具询价报告；

7.8.5　对于需要提交样品的材料，需监理工程师或委托人进行样品确认封样后，由工程造价咨询企业进行询价与核价工作。

7.8.6　材料、设备询价与核价工作应遵循下列程序：

1　收集、整理与材料、设备询价核价相关的资料；

2　梳理并与委托人确认需询价的材料、设备清单；

3　根据各方认可的材料、设备询价清单进行市场调查、询价，收集整理询价资料；

4　分析询价资料形成询价意见报委托人。

7.8.7　材料、设备询价与核价的成果文件为材料、设备询价（核价）表。

7.9 施工现场造价管理

7.9.1 工程造价咨询企业接受委托进行施工阶段全过程造价控制，参与施工现场与造价相关的管理工作。

7.9.2 工程造价咨询企业参与施工现场造价管理工作可包括下列内容：

1 现场收方；

2 隐蔽工程验收；

3 造价控制有关的会议；

4 编写过控月报；

5 建立工程各类造价管理台账；

6 收集、整理、留存归档与施工过控相关的咨询资料。

7.9.3 工程造价咨询企业可接受委托，对项目施工阶段的工程造价进行动态管理，提交工程造价动态管理咨询报告，工程造价动态管理咨询报告宜包括下列内容：

1 项目批准概算金额；

2 投资控制目标值；

3 分包合同执行情况及预估合同价款；

4 已签合同名称、编号和签约价款；

5 已确定的待签合同及其价款；

6 本周期前累计已发生的工程变更和工程签证费用；

7 本周期前累计已实际支付的工程价款及占合同总价款比例；

8 本周期前累计工程造价与批准概算（或投资控制目标值）的差值；

9 本周期进度款支付等主要偏差情况及产生较大或重大偏差的原因分析；

10 必要的说明、意见和建议等。

7.9.4 工程造价咨询企业应与项目各参与方进行联系与沟通，动态掌握影响项目工程造价变化的信息情况，及时对可能发生的重大工程变更做出对工程造价影响的预测，并将可能导致工程造价发生重大变化的情况及时告知委托人。

7.9.5 参与施工现场造价管理时过程资料应符合下列要求：

1 过程控制档案资料符合咨询合同要求；

2 相关签字资料真实、完整，满足计量计价要求；

3 合同价款调整成果文件的编制应遵从发承包双方的合同约定，合同价款调整成果文件的编制方法、编制深度等应符合现行国家标准《建设工程工程量清单计价规范》GB 50500 的要求。

4 相同口径下，合同价款调整成果文件，综合误差率应小于 3%。

7.10 项目经济指标分析

7.10.1 工程造价咨询企业应依据委托合同的要求，对建设项目经济指标进行分析评价。一般性项目的经济指标分析无特定要求时仅需进行单位造价指标、三大材消耗指标分析。

7.10.2 项目经济指标分析应包括下列工作内容：

1 工程单位造价指标，含工程总造价、分部分项工程费、措施项目费、其他项目费、规费、税金等单位造价指标，以及占总造价比例；

2 分部分项工程费比例指标，含各分部分项工程费用单位指标，以及占总造价比例；

3 工料消耗指标，即对主要材料单位耗用量的分析，如钢材、木材、水泥、砂、石、人工等主要工料。

7.10.3 根据合同的要求，项目经济指标分析的成果文件可包括项目经济指标分析表、项目经济指标评价及合理建议等。

7.11 专项施工方案的造价测算

7.11.1 工程造价咨询企业应依据委托合同的要求，对专项施工方案进行费用测算，包括计量、计价、市场调研等，并出具测算报告。

7.11.2 专项施工方案的分析,应根据现场情况对拟定的专项施工方案的经济性进行分析，对施工方案造价进行对比分析，提出合理化建议。

7.11.3 专项施工方案的造价测算应遵循下列工作程序：

1 收集、整理与专项施工方案造价测算有关的基础资料与数据等资料；

2 对专项施工方案进行造价测算分析；

3 对比各专项施工方案造价的差异，分析原因；

4 提出合理化建议，形成造价测算分析报告。

7.11.4 专项施工方案造价测算的成果文件应满足下列要求：

1 应符合本工程施工合同的要求；

2 应符合现行国家标准《建设工程工程量清单计价规范》GB 50500 的有关规定；

3 计算依据充分，方法适宜，分析结论明确；

4 成果文件提交及时，内容全面、完整。

8 竣工阶段

8.1 一般规定

8.1.1 工程造价咨询企业在竣工阶段可接受委托并承担下列工作：

1 竣工结算的编制与审核；

2 竣工决算的编制。

8.1.2 编制与审核竣工结算时，应按发承包合同中约定的工程价款确定与调整的方式方法进行。当合同中没有约定或约定不明确的，应按相应工程造价管理机构发布的工程计价依据、相关规定等进行竣工结算价款的确定，并提请合同双方协商。

8.1.3 工程造价咨询企业接受委托人委托编制或审核工程竣工结算时应按合同约定办理。竣工结算审定签署表应当由发包人、承包人、工程造价咨询企业各方法定代表人（或其授权代理人）签署意见、签字或盖章，并加盖单位公章。造价咨询企业还应加盖有企业名称、资质等级证书编号的执业印章，并由技术负责人签字并盖执业章。

8.2 竣工结算编制

8.2.1 竣工结算按委托内容可分为建设项目的竣工结算、单项工程竣工结算及单位工程竣工结算。

8.2.2 竣工结算文件应包括封面、签署页、目录、编制说明、竣工结算汇总表、单项工程竣工结算汇总表、单位工程竣工结算汇总表、相关表式及必要的附件，采用工程量清单计价的竣工结算成果文件可按本标准附录 M 编制。

8.2.3 竣工结算编制说明应包括工程概况、编制范围、编制依据、编制方法、工程计量与计价及人工、材料、设备等的价格和费率取定的说明，以及应予说明的其他事项。

8.2.4 竣工结算编制依据应包括下列内容：

1 影响合同价款的法律、法规、政策和规范性文件；

2 现场踏勘复验记录；

3 施工合同、专业分包合同及补充合同，有关材料、设备采购合同；

4 国家或地方标准规范、建设行政主管部门及工程造价管理机构发布的计价依据；

5 招标文件、投标文件；

6 工程施工图、竣工图、经批准的施工组织设计、设计变更、工程洽商、工程索赔与工程签证、相关会议纪要等；

7 工程材料及设备认价单；

8 发承包双方确认追加或核减的合同价款；

9 经批准的开工、竣工报告或停工、复工报告；

10 影响合同价款的其他相关资料。

8.2.5 竣工结算应按施工合同类型采用相应的编制方法，并应符合下列规定：

1 采用总价方式确定合同价款的，应在合同总价基础上，对设计变更、工程洽商以及工程索赔等合同约定可以调整的内容进行调整；

2 采用单价方式确定合同价款的，工程结算的工程量应按照经发承包双方在施工合同中约定应予计量且实际完成的工程量确定，并依据施工合同中约定的方法对合同价款进行调整；

3 采用成本加酬金方式确定合同价款的，应按合同约定的方法计算工程成本、酬金及有关税费。

8.2.6 相同口径下，竣工结算编制结果综合误差率应小于3%。

8.3 竣工结算审核

8.3.1 竣工结算审核的成果文件应包括竣工结算审核书封面、签署页、竣工结算审核报告、竣工结算审定签署表、竣工结算审核汇总对比表、单项工程竣工结算审核汇总对比表、单位工程竣工结算审核汇总对比表等，采用工程量清单计价的竣工结算审核成果文件可按本标准附录N编制。

8.3.2 竣工结算审核报告应包括工程概况、审核范围、审核原则、审核方法、审核依据、审核要求、审核程序、主要问题及处理情况、审核结果及有关建议等。

8.3.3 竣工结算审核工作应包括准备阶段、审核阶段及审定阶段，并符合下列要求：

1 准备阶段应包括收集、整理竣工结算审核的依据资料，做好送审资料的交验、核实、签收工作，并应对资料等缺陷向委托方提出书面意见及要求；

2 审核阶段应包括现场踏勘核实、召开审核会议、澄清问题、提出补充依据性资料和必要的弥补性措施、形成会商纪要、计量计价审核与确定、完成初步审核报告等；

3 审定阶段应包括就竣工结算审核意见与承包人及发包人进行沟通、召开协调会议、处理分歧事项、形成竣工结算审核成果文件、签认竣工结算审定签署表、提交竣工结算审核报告等。

8.3.4 竣工结算审核依据应包括下列内容：

1 影响合同价款的法律、法规和规范性文件；

2 竣工结算审核委托咨询合同；

3 竣工结算送审文件；

4 现场踏勘复验记录；

5 施工合同、专业分包合同及补充合同，有关材料、设备采购合同；

6 国家或地方标准规范、建设行政主管部门及工程造价管理机构发布的计价依据；

7 招标文件、投标文件；

8 工程施工图、竣工图、经批准的施工组织设计、设计变更、工程洽商、工程索赔与工程签证，相关会议纪要等；

9 工程材料及设备认价单；

10 发承包双方确认追加或核减的合同价款；

11 经批准的开工、竣工报告或停工、复工报告；

12 竣工结算审核的其他相关资料。

8.3.5 竣工结算审核应采用全面审核法。除委托咨询合同另有约定外，不得采用重点审核法、抽样审核法或类比审核法等其他方法。

8.3.6 工程造价咨询企业在竣工结算审核过程中，发现工程图纸、工程签证等与事实不符时，应由发承包双方书面澄清事实，并应据实进行调整。如未能取得书面澄清时，工程造价咨询企业应进行判断，并就相关问题写入竣工结算审核报告。

8.3.7 在竣工结算审核过程中，工程造价咨询企业、发承包双方、相关各方可通过专业会商会议以会议纪要的形式协商解决下列问题：

1 施工合同中约定不明的事宜、缺陷的弥补、需澄清的问题；

2 需进一步约定的事项以及审核过程中的确认、明确的事宜；

3 发包人或承包人对竣工结算审核意见有异议的事项；

4 其他需通过专业会商会议解决的事项。

8.3.8 工程造价咨询企业完成竣工结算的审核，其结论应由发包人、承包人、工程造价咨询企业共同签认。无实质性理由发包人、承包人及工程造价咨询企业因分歧不能共同签认竣工结算审定签署表的，工程造价咨询企业在协调无果的情况下可单独提交竣工结算审核书，并承担相应责任。

8.3.9 相同口径下，竣工结算审查结果综合误差率应小于3%。

8.4 竣工决算编制

8.4.1 工程造价咨询企业可接受委托单位委托承担竣工决算的全部编制工作，也可承担竣工决算中的投资效果分析、交付使用资产表及明细表等报表部分编制工作。

8.4.2 工程造价咨询企业承担竣工决算全部编制工作时，除应具备相应工程造价咨询资质和能力、人员资格和质量管理要求外，还应符合国家有关竣工决算的其他规定，并与会计人员配合完成编制工作。

8.4.3 竣工决算应综合反映竣工项目从筹建开始至项目竣工交付使用为止的全部建设费用、投资效果以及新增资产价值。

8.4.4 竣工决算应依据下列资料编制：

1 影响合同价款的法律、法规和规范性文件；

2 项目计划任务书及立项批复文件；

3 项目总概算书和单项工程概算书文件；

4 经批准的设计文件及设计交底、图纸会审资料；

5 招标文件和招标控制价；

6 工程合同文件；

7 项目竣工结算文件；

8 工程签证、工程索赔等合同价款调整文件；

9 设备、材料调价文件记录；

10 会计核算及财务文件；

11 其他有关项目管理的文件。

8.4.5 编制工程竣工决算应具备下列条件：

1 经批准的初步设计所确定的工程内容已完成；

2 单项工程或建设项目竣工结算已完成；

3 收尾工程投资和预留费用不超过规定的比例；

4 涉及法律诉讼、工程质量纠纷的事项已处理完毕；

5 其影响工程竣工决算编制的重大问题已解决。

8.4.6 工程竣工决算的编制应包括封面、说明、基本建设项目竣工财务报表等，工程竣工决算成果文件可按本标准附录P编制。

8.4.7 工程竣工决算报告的说明部分，应包括下列内容：

1 基本建设项目概况；

2 会计财务的处理、财产物资清理及债权债务的清偿情况；

3 基建结余资金等分配情况；

4 基本建设项目管理及决算中存在的问题和建议；

5 决算与概算的差异和原因分析，主要技术经济指标的分析；

6 需说明的其他事项。

8.4.8 基本建设项目竣工财务决算报表，应包括下列内容：

1 基本建设项目概况表；

2 基本建设项目竣工财务决算表；

3 基本建设项目交付使用资产总表；

4 基本建设项目交付使用资产明细表。

9 工程造价数据的管理与应用

9.1 一般规定

9.1.1 工程造价数据的管理与应用包括收集、整理、分析与应用四个阶段。

9.1.2 工程造价数据是一切有关工程造价的特征、状态及其变化的信息的组合。

9.1.3 工程造价咨询企业应根据本企业的实际情况、客户对工程造价数据的要求、数据分析的基本理论建立本企业的工程造价数据管理制度。

9.1.4 工程造价数据应具有区域性、多样性、专业性、系统性、动态性、季节性的特征。

9.1.5 工程造价咨询企业必须按照约定的保密级别、范围、时间跨度等约束条件承担工程造价数据的保密责任。

9.1.6 工程造价咨询企业应优先运用关系型数据库技术对工程造价数据进行管理。

9.1.7 工程造价咨询企业应本着合作、共享、开放的原则实施本企业的数据管理，为工程造价数据的互联互通创造条件。

9.2 工程造价数据的收集

9.2.1 工程造价数据的收集应建立在数据应用的需求上，根据应用需求的不同，收集的对象及内容的侧重点也不同。

9. 2. 2 工程造价数据的收集应包括下列内容：

1 项目基本信息；

2 量数据；

3 价数据；

4 指标数据；

5 其他工程造价数据。

9. 2. 3 工程造价数据的收集应分阶段、分层次进行。

9. 2. 4 工程造价数据收集应分不同区域及类别，按照建设项目、单项工程、单位工程、分部分项工程等分别进行。

9. 2. 5 工程造价数据在收集过程中应进行合理分类，并满足下列原则：

1 实用性原则；

2 简便性原则；

3 扩展性原则；

4 准确性原则。

9. 2. 6 建设项目和单项工程应收集下列数据：

1 与造价相关的项目信息；

2 单方指标数据；

3 投资估算、设计概算、施工图预算、招标控制价、投标报价、合同价格、竣工结算及竣工决算等。

9. 2. 7 单位工程应收集下列数据：

1 工程内容；

2 主要工程量和材料消耗量；

3 主要项目综合单价；

4 人工工日消耗量及人工单价；

5 量、价指标数据；

6 特殊材料与设备的规格型号、厂家、价格等信息。

9.2.8 其他应收集的工程造价数据应包括下列内容：

1 新材料、新工艺、新设备、新技术分项工程的人工工日消耗量、主要材料消耗量、机械台班消耗量及价格；

2 工程造价信息化建设的造价数据。

9.3 工程造价数据的整理

9.3.1 工程造价数据的整理应根据收集的进度进行。

9.3.2 工程造价数据在收集分类的基础上深化进行。数据的整理宜根据项目地址、项目类型、单项工程、单位工程及分部分项工程等归类整理，便于分析及应用。

9.3.3 工程造价数据的整理应与智能化相结合，缩减重复工作时间，降低错误率，提高效率。

9.3.4 工程造价数据整理完成的标准为可直接用于数据分析。

9.4 工程造价数据的分析

9.4.1 工程造价数据的分析宜采用智能化与人工分析相结合的方式进行。

9.4.2 工程造价数据的分析应对完成收集的数据多维度、多视角进行验证，确保数据的合理性与准确性。

9.4.3 工程造价数据的分析应按不同地区及类别分层级进行，

如建设项目、单项工程、单位工程、分部分项工程等。

9.4.4 工程造价数据分析结果的标准为可直接用于成果输出，满足目标对象对数据的需求。

9.5 工程造价数据的应用

9.5.1 工程造价数据的应用者须对应用数据保密。

9.5.2 工程造价数据的应用应有针对性，不同数据的参数应根据目标对象的需求进行调整。

9.5.3 工程造价数据的应用效果应及时反馈，以便及时调整数据的管理方法。

10 工程造价管理评价

10.1 一般规定

10.1.1 工程造价管理评价是对建设项目全过程（不包括运维阶段）造价管理事项的定性、定量评价，包括对工程造价管理制度进行评价及对建设项目全过程中决策阶段、设计阶段、发承包阶段、施工阶段、竣工结（决）算阶段各个阶段的造价管理事项进行评价。

10.1.2 工程造价咨询企业应坚持公正、公平、实事求是的原则，依据国家有关规定、行业规范对造价管理事项进行评价，并发表评价意见、提出管理建议。

10.1.3 工程造价咨询企业可承担项目中多个阶段或其中一个阶段的评价工作，对建设项目的造价管理评价应根据各项目的实际情况进行，没有发生的阶段不评价。

10.2 工程造价管理评价内容

10.2.1 工程造价管理制度评价应包括下列内容：

1 是否对工程造价管理进行整体策划，是否确定工程造价管理的总体目标及对目标的分解；

2 是否建立工程造价管理组织，是否建立工程造价管理责任制，是否明确参与人员的职责权限；

3 是否制订相关流程及表单；

4 工程造价管理制度是否合法合规，是否齐全完整，是否执行到位，是否循序改进；

5 是否根据工程造价管理制度对相关人员进行考核。

10.2.2 决策阶段的造价管理评价应包括下列内容：

1 决策程序是否符合规定，是否形成反映决策过程的资料，资料是否清晰、完整；

2 决策阶段是否进行投资估算及成本测算，并对测算的准确性、科学性进行评价。

10.2.3 设计阶段的工程造价管理评价应包括下列内容：

1 是否进行设计方案经济分析，并在此基础上进行设计优化；

2 是否拟定了限额设计指标，并按指标进行限额设计；

3 是否进行设计概算与批复投资估算、施工图预算与批复设计概算的对比分析，对设计概算、施工图预算的准确性进行评价；

10.2.4 发承包阶段工程造价管理评价应包括下列内容：

1 是否对招标控制价与批复设计概算进行对比分析，是否对工程量清单、招标控制价的质量进行评价；

2 工程量清单、招标控制价的审批情况；

3 合约规划与招标/采购策划的合理性；

4 招标文件及招标合同条款编制的合法性、严密性；

5 是否存在应该招标（或比选、采购）而未招标（或比选、采购）的情况，招标的范围、招标方式、招标的组织形式是否与项目审批部门的审批或核准相一致；

6 招标（或比选、采购）公告、公示的发布媒介是否合法合规；

7 招标（或比选、采购）报名时间、招标（或比选、采购）文件发售时间、投标时间、投标截止时间、公示时间等是否合法合规；

8 招标（或比选、采购）文件的修改及澄清是否合法合规；

9 是否存在围标串标情况、无资质或超越资质等级承接工程情况、借用其他公司资质承接工程等情况；

10 开标地点、开标时间是否符合规定；

11 评标委员会的组建是否符合规定；

12 评标委员会是否按照招标文件的评审标准和方法、现行法律法规进行评审，评审结论是否准确；

13 有无其他违法违规行为。

10.2.5 施工阶段的工程造价管理评价应包括下列内容：

1 合同签订的造价管理评价应包括下列内容：

1）合同签订的程序是否合法合规；

2）合同签订内容有无实质性的背离招投标文件情况；

3）有无其他违法违规行为。

2 建设规模、建设标准方面的造价管理评价应包括下列内容：

1）是否存在随意增减招标范围的情况；

2）是否存在随意调整建设规模、调整建设标准的情况。

3 合同管理方面应包括下列内容：

1）是否存在转包及违法分包；

2）变更、签证、索赔管理，是否建立统一的台账并对工程造价进行动态分析，相关签字手续是否存在后补情况；

3）专业工程暂估价、材料设备暂估价的管理是否合法合规；

4）其他合同管理方面评价。

4 施工管理方面的评价应包括下列内容：

1）是否通过方案优化降低工程造价，是否按照批准的施工组织设计或施工方案实施；

2）有无随意压缩工期导致施工方索赔的情况；

3）有无因发包方原因造成工期延误导致造价增加的情况；

4）施工进度是否满足投标承诺，包括整体进度和阶段性进度；

5）合同中对工期违约的约定是否执行。

5 质量管理方面的评价应包括下列内容：

1）工程质量验收情况是否符合现行规定，对于不合格产品的返工损失是否区分责任并确定承担方，对于降低标准验收的项目是否扣减相应造价；

2）有无发生质量事故，合同中的质量违约条款是否执行；

3）是否达到投标承诺的质量标准或获得合同约定的相应奖项。

6 安全文明管理方面的评价应包括下列内容：

1）是否发生安全生产事故；

2）安全文明施工情况；

3）标准化工地建设情况。

4）安全文明施工措施的现场评价及打分情况，安全文明措施费的支付情况。

7 工程变更、现场签证、索赔是否合法合规，是否符合招投标文件及施工合同的约定，理由是否充分合理。具体应包括下列评价内容：

1）是否制定设计变更、现场签证分类管理制度；

2）设计变更、现场签证分类管理制度的执行情况；

3）是否在事前测算设计变更对成本的影响；

4）是否事后检查设计变更的完成情况；

5）签证的量、价、费是否正确；

6）索赔事件发生后，是否收集相关证据，是否按约定及时进行索赔审核和反索赔。

8 认质核价是否存在明显偏离市场情况。具体应包括下列评价内容：

1）认质核价的材料设备是否符合合同约定；

2）认质核价程序是否符合规定；

3）认质核价材料设备的使用是否属实。

9 预付款、进度款支付情况，有无提前支付或超比例支付情况。具体应包括下列评价内容：

1）工程计量和计价是否符合合同约定；

2）工程计量是否符合实际；

3）工程计量是否经有关人员共同确认，计量程序是否符合合同约定。

10.2.6 结（决）算阶段的工程造价管理评价应包括下列内容：

1 结算参与人员是否具有造价执业资格；

2 结算流程是否符合规定，结算时间是否符合合同约定及相关规定；

3 结算争议程序是否符合规定；

4 结算各项价格和费用计取是否符合合同约定；

5 分析对比招标控制价（或施工图预算价）、中标价、合同价、送审结算价、审定结算价，核查造价管理情况；

6 分析对比估算价、概算价、决算价，核查投资管理情况；

7 是否因管理问题存在损失浪费情况。

10.3 工程造价管理评价成果文件

10.3.1 工程造价管理评价成果文件为《工程造价管理评价报告》。《工程造价管理评价报告》应包括下列内容：

1 工程概况；

2 评价范围；

3 评价依据；

4 评价过程描述；

5 存在的问题；

6 评价结论；

7 其他需要说明的问题；

8 相关建议。

11 工程造价鉴定

11.1 一般规定

11.1.1 具有相应资质的工程造价咨询企业可接受法院或仲裁机构的委托，根据其建设工程造价方面的专业知识和技能，按仲裁、诉讼的程序和要求及国家关于司法鉴定的规定，对纠纷项目的工程造价以及由此引发的经济问题进行鉴别和判断，并应提供鉴定意见;工程造价咨询企业也可以接受造价纠纷一方当事人的委托，提供配合司法鉴定或仲裁的咨询服务。

11.1.2 具有下列情形之一的鉴定委托，工程造价咨询企业不得受理:

1 委托鉴定事项超出本企业业务范围的;

2 鉴定材料不真实、不完整、不充分或者取得方式不合法的;

3 鉴定用途不合法或者违背社会公德的;

4 鉴定要求不符合本行业执业规则或者相关鉴定技术规范的;

5 鉴定要求超出本企业技术条件或者鉴定能力的;

6 委托人就同一鉴定事项同时委托其他具有相应资质的工程造价咨询企业进行鉴定的;

7 其他不符合法律、法规、规章规定的情形。

11.1.3 工程造价咨询企业承接工程造价鉴定业务、配合司法鉴定或仲裁服务应指派注册造价工程师承担鉴定工作。

11.1.4 工程造价咨询企业接受鉴定委托时，应签订委托文书或鉴定合同。鉴定结论意见应与鉴定委托文书或鉴定合同中明确的项目范围、内容、要求一致，不得超出或缩小委托范围及内容进行鉴定。

11.1.5 根据相关法律、法规的规定，对从事鉴定项目的工程造价咨询企业和鉴定人员，可能影响鉴定公正需回避的，应自行回避；未自行回避的，鉴定委托人、当事人及利害关系人要求其回避的，应予回避。

11.1.6 工程造价咨询企业主动要求回避的，应说明回避理由，并由鉴定委托人做出是否回避的决定。对工程造价鉴定人员主动提出回避且理由成立的，应由工程造价咨询企业指派其他符合要求的人员担任鉴定工作。

11.1.7 承担工程造价鉴定的鉴定人员应当依法出庭接受鉴定项目当事人对工程造价司法鉴定意见书的质询。如确因特殊原因无法出庭的，经审理该鉴定项目的仲裁机关或人民法院准许，可以书面答复当事人的质询。

11.2 诉讼或仲裁中的工程造价鉴定

Ⅰ 准备工作

11.2.1 工程造价咨询企业应在收到委托人提交的书面委托文书后开始鉴定业务。

11.2.2 工程造价鉴定人员对委托文书范围、内容、要求、期限有疑问的，应以工程造价咨询企业的名义及时与鉴定委托人联系，排除疑问。当事人对鉴定委托人在其委托文书中提出的鉴定范围、内容、要求或期限等有异议时，工程造价鉴定人员应以工程造价咨询企业的名义及时向鉴定委托人反映，排除疑问。

11.2.3 工程造价咨询企业应按项目具体情况和有关规定完成鉴定工作中的取证程序，获取有关鉴定资料。

11.2.4 工程造价鉴定人员进行工程造价鉴定工作，应自行收集下列（但不限于）鉴定资料：

1 适用于鉴定项目的法律、法规、规章、规范性文件以及规范、标准、定额；

2 鉴定项目同时期同类型工程的技术经济指标及其各类要素价格等。

11.2.5 工程造价鉴定人员收集鉴定项目的相关资料时，应向鉴定项目委托人提出具体书面要求，司法机关委托鉴定的送鉴材料应经双方当事人质证，鉴定项目应包括下列相关资料：

1 与鉴定项目相关的合同、协议及其附件；

2 相应的施工图纸等技术经济文件；

3 施工过程中施工组织、质量、工期和造价等工程资料；

4 存在争议的事实及各方当事人的理由；

5 其他有关资料。

11.2.6 工程造价咨询企业在鉴定过程中要求鉴定项目当事人对缺陷资料进行补充的，应征得鉴定项目委托人同意或者协调鉴定项目各方当事人共同签认，并发函要求当事人补充提交鉴定举证资料。

11.2.7 根据项目鉴定工作需要，工程造价咨询企业可提请委托人组织各方当事人对被鉴定的标的物进行现场勘验。

11.2.8 勘验现场应制作勘验记录、笔录或勘验图表，记录勘验的时间、地点、勘验人、在场人、勘验经过、结果，由勘验人、在场人签名或者盖章确认。对于绘制的现场图应注明绘制的时间、测绘人姓名、身份等内容。必要时应采取拍照或摄像取证留下影像资料。

11.2.9 鉴定项目当事人未对现场勘验图表或勘验笔录等签字确认的，工程造价咨询企业应提请鉴定项目委托人决定处理意见，并在鉴定意见书中进行说明。

Ⅱ 鉴定工作

11.2.10 工程造价鉴定除应按照有关规定执行常规的编制、审核、审定制度外，还应由3人及以上单数工程造价鉴定人员组成合议组。合议组在讨论的基础上以少数服从多数的原则确定鉴定方案或结论性意见，同时应将讨论中的不同意见如实记入讨论会笔录等过程性文件。

11.2.11 在建设工程施工合同约定有效的情况下，鉴定应采用当事人合同约定的计价方法，但当事人另行达成一致约定的除外。

11.2.12 工程造价咨询企业在鉴定项目合同无效或合同条款约定不明确的情况下，应根据法律法规、相关国家标准和规范的规定，选择相应专业工程的计价依据和方法进行鉴定。因设计变更导致建设工程的工程量或者质量标准发生变化，当事人对该部分工程价款不能协商一致的，可以参照签订建设工程施工合同时当地建设行政主管部门发布的计价方法或者计价标准结算工程价款。

11.2.13 对委托人增加新的鉴定要求、发现有遗漏事项、补充新的鉴定资料等情形，以及鉴定人员因深入了解分歧因素后发现问题需做出补充鉴定的，工程造价咨询企业应做出补充鉴定意见。

11.2.14 工程造价咨询企业或鉴定人员不具备相关的鉴定资格、鉴定程序严重违法、鉴定结论意见明显依据不足、工程造价咨询企业和鉴定人员按规定应回避而没有回避、经过质证认定不能作为证据使用的其他情形等，鉴定委托人可委托其他可以承接且具备相应资质的工程造价咨询企业重新鉴定。重新鉴定的鉴定人，可以不受原鉴定内容和材料的限制，根据委托单位的要求和提供的材料进行鉴定。如果重新鉴定所得出的意见与原鉴定意见不一致，应当对原鉴定意见进行论证并说明不一致原因。

11.2.15 鉴定工作应按鉴定委托人要求的期限内完成。由于项目情况复杂、当事人不配合等情况，工程造价咨询企业不能在要求的期限内完成鉴定工作时，应按相关法规提前向鉴定委托人申请延长鉴定期限，并应在其允许的延长期限内完成鉴定工作。经鉴定项目委托人同意等待鉴定项目当事人提交、补充证据，质证所用的时间不应计入鉴定期限。

11.2.16 当事人对工程质量有争议的,应由具有相应资质的机构进行工程质量的司法鉴定,在此基础上进行工程造价的司法鉴定。

11.2.17 对已出具竣工结算审核报告或已形成工程结算审核意见书等成果文件的纠纷项目，经双方当事人同意，对已出具的审核报告或审核意见书中双方无异议的部分可直接采用。

11.2.18 工程造价咨询企业出具正式鉴定意见书之前,可报请鉴定项目委托人向鉴定项目各方当事人发出鉴定意见书征求意见稿，并指明应书面答复的期限及其不答复的相应法律责任。

11.2.19 工程造价咨询企业收到鉴定项目各方当事人对鉴定意见书征求意见稿的书面复函后，应对不同意见进行认真复核、鉴别，独立、公正的修改完善，再出具正式鉴定意见书。

Ⅲ 成果文件

11.2.20 工程造价鉴定成果文件应包括鉴定意见书、补充鉴定意见书、补充说明等。鉴定意见书应包括鉴定意见书封面、签署页、目录、鉴定人员声明、鉴定意见书正文、有关附件等。其中封面、签署页、鉴定人员声明可按本标准附录Q编制。

11.2.21 鉴定人员的声明应表明鉴定人员对报告中所陈述事实的真实性和准确性、计算及分析意见和结论意见的公正性负责，对哪些问题不承担责任，与当事人没有利害关系或偏见等做出说明。

11.2.22 鉴定意见书宜包括下列内容：

1 项目名称；

2 档案号；

3 基本情况、委托鉴定的内容；

4 鉴定依据及使用的专业技术手段；

5 鉴定过程及分析；

6 鉴定结论意见；

7 特殊说明；

8 工程造价咨询企业及鉴定人员出具鉴定意见书的签章；

9 附件。

11.2.23 鉴定结论意见可同时包括下列形式：

1 可确定的造价结论意见。当整个鉴定项目事实清楚、依据有力、证据充足时，工程造价咨询企业应出具造价明确的造价鉴定结论意见。

2 无法确定部分项目的造价结论意见。当鉴定项目中有一部分事实不清、证据不足或依据缺乏，且当事人争议较大无法达成妥协，工程造价咨询企业依据现有条件无法做出准确判断时，工程造价咨询企业可提交无法确定部分项目的造价结论意见。

11.2.24 工程造价经济纠纷鉴定过程文件应包括要求当事人提交鉴定举证资料的函、要求当事人补充提交鉴定举证资料的函、当事人要求补充提交鉴定举证资料的函、工作计划或实施方案、当事人交换证据或质证的记录文件、现场勘验通知书、各阶段的造价计算征求意见稿及其回复或核对记录、鉴定报告征求意见函及复函、鉴定工作会议（如核对、协调、质证等）及开庭记录、工作底稿、资料移交单等。

11.2.25 工程造价鉴定人的工作底稿应包括工程量计算核实记录表、现场勘验记录、鉴定编制人的编制工作底稿、审核人的审核工作底稿、审定人的审定工作底稿、询价记录、各种有关记录等。

11.2.26 成果文件的质量应符合下列要求：

1 在相同口径下，鉴定结论意见的综合误差率应小于3%；

2 满足《建设工程造价咨询合同（示范文本）》的相关要求。

11.3 诉讼或仲裁中的工程造价咨询

11.3.1 受当事人委托的工程造价咨询企业应协助当事人确定鉴定事项、范围、内容、要求或期限等。

11.3.2 受当事人委托的工程造价咨询企业应协助当事人确认受法院或仲裁机构委托的鉴定机构及鉴定人是否需要回避。

11.3.3 工程造价咨询企业应配合当事人准备司法鉴定或仲裁送鉴资料、在举证期限内按要求提交或补充鉴定举证资料。当事人在举证期限内提交举证资料确有困难的，应在规定的举证期限内提交书面的延期举证申请，由鉴定委托人决定是否准许延期。当事人在延长的举证期限内提交举证资料仍有困难的，应在规定的延期举证期限内再次提交书面的延期举证申请，鉴定委托人决定是否准许延期。

11.3.4 工程造价咨询企业应配合当事人质证，对举证资料、程序进行确认。

11.3.5 根据项目鉴定工作需要，工程造价咨询企业应配合当事人对被鉴定的标的物进行现场勘验，对勘验记录、笔录或勘验图表签名或者盖章确认。

11.3.6 根据需要，受当事人委托的工程造价咨询企业应与鉴定机构核对工程量、套取定额（或计取单价）、取费等，形成核对记录。

11.3.7 受当事人委托的工程造价咨询企业在鉴定过程中对鉴定范围、计价方法、工程量的确定、取费原则等持有异议时，应提请法院或仲裁机构召开协调会，以会商纪要等书面形式予以确认。

11.3.8 工程造价咨询企业应配合委托当事人对《鉴定意见征询

意见稿》提出意见或建议。

11.3.9 根据需要，工程造价咨询企业可配合当事人出庭，经法庭许可，可以向证人、鉴定人、勘验人发问，对鉴定人在鉴定过程中不符合证据规则规定的事项，可以在质证时提出抗辩和不同意见。

11.3.10 工程造价咨询企业受当事人委托配合司法鉴定或仲裁服务的成果文件主要为《咨询意见书》，成果文件质量应符合下列要求：

1 符合《中华人民共和国建筑法》《中华人民共和国招标投标法》《中华人民共和国招标投标法实施条例》《中华人民共和国合同法》等相关法律法规及行业标准；

2 咨询意见符合公正、公平、实事求是的原则；

3 满足《建设工程造价咨询合同（示范文本）》的相关要求。

附录 A　投资估算编制成果文件格式

A. 0. 1　投资估算封面可按表 A.0.1 编制。

表 A.0.1　投资估算封面

<table><tr><td>

（工程名称）

投 资 估 算

档案号：

（编制单位名称）

（工程造价咨询企业执业印章）

年　月　日

</td></tr></table>

A. 0. 2 投资估算签署页可按表 A.0.2 编制。

表 A.0.2 投资估算签署页

（工程名称）

投 资 估 算

档案号：

编制人：____________（执业或从业印章）

审核人：____________（执业或从业印章）

审定人：____________（执业或从业印章）

法定代表人或其授权人：________________

A. 0. 3 投资估算编制说明可按表 A.0.3 编制。

表 A.0.3 投资估算编制说明

编制说明
1. 工程概况 2. 编制范围 3. 编制方法 4. 编制依据 5. 主要技术经济指标 6. 有关参数、率值选定的说明 7. 特殊问题的说明

A. 0. 4 投资估算汇总表可按表 A.0.4 编制。

表 A.0.4 投资估算汇总表

工程名称：

序号	工程和费用名称	估算价值/万元					技术经济指标				备注
		建筑工程费	安装工程费	设备及工器具购置费	其他费用	合计	单位	工程量	单价/元	占总投资比例	
一	工程费用										
二	工程建设其他费用										
三	预备费										
1	基本预备费										
2	价差预备费										
四	建设期利息										
五	流动资金										
六	工程总投资										

编制人： 审核人： 审定人：

A. 0. 5 单项工程投资估算汇总表可按表 A.0.5 编制。

表 A.0.5　单项工程投资估算汇总表

工程名称：

序号	工程和费用名称	估算价值/万元					技术经济指标				备注
		建筑工程费	安装工程费	设备及工器具购置费	其他费用	合计	单位	工程量	单价/元	占工程费用比例	
一	工程费用										
1	单项工程 1										
1.1	单位工程 1										
1.2	单位工程 2										
……	……										
	小计										

附录B 投资估算审核成果文件格式

B. 0. 1 投资估算审核报告封面可按表 B.0.1 编制。

表 B.0.1 投资估算审核报告封面

（工程名称） **投 资 估 算 审 核 报 告** 档案号：   （审核单位名称） （工程造价咨询企业执业印章） 年 月 日

B. 0. 2 投资估算审核报告目录可按表 B.0.2 编制。

表 B.0.2 投资估算审核报告目录

目 录

序号	内容	页次
	投资估算审核报告	
	投资估算审定签署表	
	经审核的投资估算汇总表	
	经审核的单项工程投资估算汇总表	
	投资估算审核对比表	
	投资估算审核相关资料	

B. 0. 3 投资估算审核报告可按表 B.0.3 编制。

表 B.0.3　投资估算审核报告

投资估算审核报告 1. 工程概况 2. 审核范围 3. 审核原则 4. 审核依据 5. 审核方法 6. 审核程序 7. 审核情况说明 8. 审核结果 9. 主要问题 10. 有关建议 11. 特殊情况的说明

B. 0. 4 投资估算审定签署表可按表 B.0.4 编制。

表 B.0.4 投资估算审定签署表

<table>
<tr><td colspan="4">建设项目：</td><td colspan="3">审核类别：投资估算审核</td></tr>
<tr><td colspan="2">委托方：</td><td colspan="2">编制单位：</td><td colspan="2">审核单位：</td><td>单位：元</td></tr>
<tr><td colspan="4">审核范围：</td><td colspan="3">建设地点：</td></tr>
<tr><td>序号</td><td>工程名称</td><td>编制金额</td><td>审定金额</td><td>核增（+）减（−）金额</td><td>核增（+）减（−）百分率</td><td>工程规模</td></tr>
<tr><td></td><td></td><td></td><td></td><td></td><td></td><td></td></tr>
<tr><td colspan="2">合计</td><td></td><td></td><td></td><td></td><td></td></tr>
<tr><td colspan="7">审定金额（大写）：（人民币）</td></tr>
<tr><td colspan="2">编制单位意见：
编制单位：（盖章）
代表签名：
年 月 日</td><td colspan="2">审核单位意见：
审核单位：（盖章）
代表签名：
年 月 日</td><td colspan="3">委托方意见：
委托方：（盖章）
代表签名：
年 月 日</td></tr>
</table>

B. 0. 5 经审核的投资估算汇总表可按表 B.0.5 编制。

表 B.0.5 经审核的投资估算汇总表

工程名称：

序号	工程和费用名称	估算价值/万元					技术经济指标				备注
		建筑工程费	安装工程费	设备及工器具购置费	其他费用	合计	单位	工程量	单价/元	占总投资比例	
一	工程费用										
1											
二	工程建设其他费用										
三	预备费										
1	基本预备费										
2	价差预备费										
四	建设期利息										
五	流动资金										
六	工程总投资										

编制人：　　　　审核人：　　　　审定人：

B. 0. 6 经审核的单项工程投资估算汇总表可按表 B.0.6 编制。

表 B.0.6 经审核的单项工程投资估算汇总表

工程名称：

序号	工程和费用名称	估算价值（万元）					技术经济指标				备注
		建筑工程费	安装工程费	设备及工器具购置费	其他费用	合计	单位	工程量	单价/元	占工程费用比例	
一	工程费用										
1	单项工程 1										
1.1	单位工程 1										
1.2	单位工程 2										
……	……										
	小计										

B. 0. 7 投资估算审核对比表可按表 B.0.7 编制。

表 B.0.7 投资估算审核对比表

序号	项目或费用名称	单位	送审投资估算/万元			审核投资估算/万元			差额/万元	原因分析
			工程量	单位指标/元	投资额	工程量	单位指标/元	投资额		
一	工程费用									
1	单项工程 1									
1.1	单位工程 1									
1.1.1										
1.2	单位工程 2									
	……									
二	工程建设其他费用									
	……									
三	预备费									
1	基本预备费									
2	价差预备费									
四	建设期利息									
五	流动资金									
六	工程总投资									

附录C　设计概算编制成果文件格式

C.0.1　设计概算封面可按表C.0.1编制。

表C.0.1　设计概算封面

（工程名称） **设 计 概 算** 档案号： 共　册第　册   （编制单位名称） （工程造价咨询企业执业章） 年　月　日

C. 0. 2 设计概算签署页可按表 C.0.2 编制。

表 C.0.2 设计概算签署页

（工程名称）

设 计 概 算

档案号：

共 册 第 册

编制人：______________（执业或从业印章）

审核人：______________（执业或从业印章）

审定人：______________（执业或从业印章）

法定代表人或其授权人：__________________

C. 0. 3 设计概算目录可按表 C.0.3 编制。

表 C.0.3 设计概算目录

目 录

序号	内容	页次
	编制说明	
	总概算表	
	工程建设其他费用表	
	综合概算表	
	单位工程概算表	
	经批复投资估算与设计概算对比表	
	概算相关资料	

C. 0. 4 设计概算编制说明可按表 C.0.4 编制。

表 C.0.4 设计概算编制说明

<table>
<tr><td>

编 制 说 明

1. 工程概况

2. 主要技术经济指标

3. 编制依据

4. 工程费用计算

1）建筑工程

2）设备安装工程

5. 引进设备材料有关费率取定及依据

国外运输费、国外运输保险费、海关税费、增值税、国内运杂费、其他有关税费

6. 工程建设其他费用、预备费等的说明

7. 其他应说明的问题

</td></tr>
</table>

C.0.5 总概算表可按表 C.0.5 编制。

表 C.0.5 总概算表

工程名称：　　　　单位：万元　共　页　第　页

序号	工程费用及名称	建筑工程费	设备购置费	安装工程费	其他费用	合价	单位	技术经济指标		其中：引进部分		占总投资比列/%	备注
								工程量	单位造价	美元	折合人民币		
一	工程费用												
二	工程建设其他费用												
三	预备费												
1	基本预备费												
2	价差预备费												
四	建设期利息												
五	流动资金												
六	工程总投资												

编制人：　　　　审核人：　　　　审定人：

C.0.6 工程建设其他费用表可按表 C.0.6 编制。

表 C.0.6 工程建设其他费用表

工程名称： 单位：万元 共 页 第 页

序号	费用项目名称	费用计算基数	费率	金额	计算公式	备注
	合计					

C. 0. 7 综合概算表可按表 C.0.7 编制。

表 C.0.7 综合概算表

工程名称：　　　　单位：万元　共　页　第　页

序号	工程费用及名称	建筑工程费	设备购置费	安装工程费	其他费用	合价	单位	技术经济指标		其中：引进部分		占总投资比列/%	备注
								工程量	单位造价	美元	折合人民币		
一	单项工程 1												
1													
二	单项工程 2												
1													
三	单项工程 3												
1													
…	……												
	合计												

编制人：　　　　审核人：　　　　审定人：

C. 0. 8 建筑工程概算表、设备及安装工程概算表、综合单价分析表、主要设备材料数量及价格表可参照施工图预算表成套编制。

C. 0. 9 经批复投资估算与设计概算对比表可按表 C.0.9 编制。

表 C.0.9 经批复投资估算与设计概算对比表

序号	项目或费用名称	单位	经批复投资估算/万元			设计概算/万元			差额/万元	原因分析
			工程量	单位指标/元	投资额	工程量	单位指标/元	投资额		
一	工程费用									
二	工程建设其他费用									
三	预备费									
1	基本预备费									
2	价差预备费									
四	建设期利息									
五	流动资金									
六	工程总投资									

C. 0. 10 进口设备材料货价及从属费用计算表可按表 C.0.10 编制。

表 C.0.10 进口设备材料货价及从属费用计算表

序号	设备材料规格名称及费用名单	单位	数量	单价/美元	外币金额/美元					折合人民币/元	人民币金额/元						折合人民币/元
					货价	运输费	保险费	其他费用	合计		关税	增值税	银行财务费	外贸手续费	国内运杂费	合计	

附录D　设计概算审核成果文件格式

D. 0. 1　设计概算审核报告封面可按表D.0.1编制。

表D.0.1　设计概算审核报告封面

<table><tr><td>

（工程名称）

设 计 概 算 审 核 报 告

档案号：

（审核单位名称）
（工程造价咨询企业执业印章）
年　月　日

</td></tr></table>

D. 0. 2 设计概算审核报告目录可按表 D.0.2 编制。

表 D.0.2 设计概算审核报告目录

目　录

序号	内容	页次
	设计概算审核报告	
	设计概算审定签署表	
	经审核的设计概算汇总表	
	设计概算审核对比表	
	经审核的设计概算	
	经审核的设计概算与批复文件对比表	
	审核设计概算相关资料	

D. 0. 3 设计概算审核报告可按表 D.0.3 编制。

表 D.0.3 设计概算审核报告

设计概算审核报告
1. 工程概况 2. 审核范围 3. 审核原则 4. 审核依据 5. 审核方法 6. 审核程序 7. 审核情况说明 8. 审核结果 9. 主要问题 10. 有关建议 11. 特殊情况的说明

D. 0. 4 设计概算审定签署表可按表 D.0.4 编制。

表 D.0.4 设计概算审定签署表

<table>
<tr><td colspan="4">建设项目：</td><td colspan="3">审核类别：设计概算审核</td></tr>
<tr><td colspan="2">委托方：</td><td colspan="2">编制单位：</td><td colspan="2">审核单位：</td><td>单位：元</td></tr>
<tr><td colspan="4">审核范围：</td><td colspan="3">建设地点：</td></tr>
<tr><td>序号</td><td>工程名称</td><td>编制金额</td><td>审定金额</td><td>核增（+）减（－）
金额</td><td>核增（+）减（－）
百分率</td><td>工程规模</td></tr>
<tr><td></td><td></td><td></td><td></td><td></td><td></td><td></td></tr>
<tr><td></td><td></td><td></td><td></td><td></td><td></td><td></td></tr>
<tr><td colspan="2">合计</td><td></td><td></td><td></td><td></td><td></td></tr>
<tr><td colspan="7">审定金额（大写）：（人民币）</td></tr>
<tr><td colspan="2">编制单位意见：
编制单位：（盖章）
代表签名：
年 月 日</td><td colspan="2">审核单位意见：
审核单位：（盖章）
代表签名：
年 月 日</td><td colspan="3">委托方意见：
委托方：（盖章）
代表签名：
年 月 日</td></tr>
</table>

D. 0. 5 设计概算审核对比表可按表 D.0.5 编制。

表 D.0.5 设计概算审核对比表

项目名称：

序号	工程及费用名称	送审栏/万元	审定栏/万元	核差栏/万元	调整原因简要说明
第一部分 工程费用					
第二部分 工程建设其他费用					
第三部分 预备费					
第四部分 建设期利息					
第五部分 流动资金					
第六部分 工程总投资					
合计					

D. 0. 6 经审核的设计概算总概算表、工程建设其他费用表、综合概算表、单位工程概算表与批复文件对比表等参照设计概算编制套表。

附录 E　施工图预算编制成果文件格式

E.0.1　施工图预算封面可按表 E.0.1 编制。

表 E.0.1　施工图预算封面

（工程名称） **施 工 图 预 算** 档案号： 共　册第　册 （编制单位名称） （工程造价咨询企业执业章） 年　月　日

E. 0. 2 施工图预算签署页可按表 E.0.2 编制。

表 E.0.2 施工图预算签署页

（工程名称）

施 工 图 预 算

档案号：

共 册 第 册

编制人：______________（执业或从业印章）

审核人：______________（执业或从业印章）

审定人：______________（执业或从业印章）

法定代表人或其授权人：__________________

E. 0. 3 施工图预算目录可按表 E.0.3 编制。

表 E.0.3 施工图预算目录

目 录		
序号	内容	页次
1	编制说明	
2	施工图预算汇总表	
3	单项工程施工图预算汇总表	
4	单位工程施工图预算表	
5	综合单价分析表	
6	补充单位估价表	
7	施工图预算相关资料	

E. 0. 4 施工图预算编制说明可按表 E.0.4 编制。

表 E.0.4　施工图预算编制说明

<table><tr><td>
编 制 说 明
1. 工程概况
2. 主要技术经济指标
3. 编制范围
4. 编制依据
5. 建筑、安装工程费用计算方法及其费用计取的说明
6. 其他应说明的问题
</td></tr></table>

E. 0. 5 施工图预算汇总表可按表 E.0.5 编制。

表 E.0.5 施工图预算汇总表

工程名称：

序号	单项工程名称	金额/元	其中		
			暂估价/元	安全文明施工费/元	规费/元
1	单项工程 1				
2	单项工程 2				
合计					

编制人： 审核人： 审定人：

E. 0. 6 单项工程施工图预算汇总表可按表 E.0.6 编制。

表 E.0.6 单项工程施工图预算汇总表

工程名称：

序号	单位工程名称	金额/元	其中		
			暂估价/元	安全文明施工费/元	规费/元
合计					

E. 0. 7 单位工程施工图预算表可按表 E.0.7 编制。

表 E.0.7 单位工程施工图预算表

工程名称：

序号	项目编号	工程项目或费用名称	项目特征	单位	数量	综合单价/元	合价/元
一		分部分项工程					
（一）		土石方工程					
1	××	××××					
（二）		砌筑工程					
1	××	××××					
（三）		楼地面工程					
1	××	××××					
（四）		××工程					
		分部分项工程费用小计					
二		可计量措施项目					
（一）		××工程					
1	××	××××					
2	××	××××					

续表

序号	项目编号	工程项目或费用名称	项目特征	单位	数量	综合单价/元	合价/元
（二）		××工程					
1	××	××××					
		可计量措施项目费小计					
三		综合取定的措施项目费					
1		安全文明施工费					
2		夜间施工增加费					
3		二次搬运费					
4		冬雨季施工增加费					
5		已完工程及设备保护费					
6		工程定位复测费					
7		特殊地区施工增加费					
8		大型机械设备 进出场及安拆费					
	××	××××					
		综合取定措施项目费小计					
四		规费					
五		税金					
		合计					

E. 0. 8 综合单价分析表可按表 E.0.8 编制。

表 E.0.8 综合单价分析表

工程名称：　　　　　　　　　　　　　　　　标段：　　　　第　　页　共　　页

<table>
<tr><td>项目编码</td><td></td><td colspan="2">项目名称</td><td colspan="4"></td><td colspan="2">计量单位</td><td></td><td>工程量</td><td></td></tr>
<tr><td colspan="13">清单综合单价组成明细</td></tr>
<tr><td rowspan="2">定额编号</td><td rowspan="2">定额项目名称</td><td rowspan="2">定额单位</td><td rowspan="2">数量</td><td colspan="4">单价</td><td colspan="5">合价</td></tr>
<tr><td>人工费</td><td>材料费</td><td>机械费</td><td>管理费和利润</td><td>人工费</td><td>材料费</td><td colspan="2">机械费</td><td>管理费和利润</td></tr>
<tr><td></td><td></td><td></td><td></td><td></td><td></td><td></td><td></td><td></td><td></td><td colspan="2"></td><td></td></tr>
<tr><td></td><td></td><td></td><td></td><td></td><td></td><td></td><td></td><td></td><td></td><td colspan="2"></td><td></td></tr>
<tr><td colspan="2">人工单价</td><td colspan="6">小　计</td><td></td><td></td><td colspan="2"></td><td></td></tr>
<tr><td colspan="2">元/工日</td><td colspan="6">未计价材料费</td><td colspan="5"></td></tr>
<tr><td colspan="8">清单项目综合单价</td><td colspan="5"></td></tr>
<tr><td rowspan="5">材料费明细</td><td colspan="5">主要材料名称、规格、型号</td><td>单位</td><td>数量</td><td>单价/元</td><td>合价/元</td><td colspan="2">暂估单价/元</td><td>暂估合价/元</td></tr>
<tr><td colspan="5"></td><td></td><td></td><td></td><td></td><td colspan="2"></td><td></td></tr>
<tr><td colspan="5"></td><td></td><td></td><td></td><td></td><td colspan="2"></td><td></td></tr>
<tr><td colspan="7">其他材料费</td><td></td><td></td><td colspan="2"></td><td></td></tr>
<tr><td colspan="7">材料费小计</td><td></td><td></td><td colspan="2"></td><td></td></tr>
</table>

E. 0. 9 补充单位估价表可按表 E.0.9 编制。

表 E.0.9 补充单位估价表

工程名称：

补充单位估价表编号							
基价							
人工费							
材料费							
机械费							
名称		单位	单价	数量			
综合工日							
材料							
	其他材料费						
机械							

附录F 施工图预算审核成果文件格式

F. 0. 1 施工图预算审核报告封面可按表F.0.1编制。

表F.0.1 施工图预算审核报告封面

<table><tr><td>（工程名称）
施 工 图 预 算 审 核 报 告
档案号：

（审核单位名称）
（工程造价咨询企业执业印章）
年 月 日</td></tr></table>

F. 0. 2 施工图预算审核报告目录可按表 F.0.2 编制。

表 F.0.2 施工图预算审核报告目录

目 录

序号	内容	页次
1	施工图预算审核报告	
2	施工图预算审定签署表	
3	经审核的施工图预算	
4	施工图预算审核对比表	
5	经审核的施工图预算与批复文件对比表	
6	审核施工图预算相关资料	
…	…	

F. 0. 3 施工图预算审定签署表可按表 F.0.3 编制。

表 F.0.3 施工图预算审定签署表

<table>
<tr><td colspan="4">建设项目：</td><td colspan="3">审核类别：施工图预算审核</td></tr>
<tr><td colspan="2">委托方：</td><td colspan="2">编制单位：</td><td colspan="2">审核单位：</td><td>单位：元</td></tr>
<tr><td colspan="4">审核范围：</td><td colspan="3">建设地点：</td></tr>
<tr><td>序号</td><td>工程名称</td><td>编制金额</td><td>审定金额</td><td>核增（+）减（－）金额</td><td>核增（+）减（－）百分率</td><td>工程规模</td></tr>
<tr><td></td><td></td><td></td><td></td><td></td><td></td><td></td></tr>
<tr><td></td><td></td><td></td><td></td><td></td><td></td><td></td></tr>
<tr><td colspan="2">合计</td><td></td><td></td><td></td><td></td><td></td></tr>
<tr><td colspan="7">审定金额（大写）:（人民币）</td></tr>
<tr><td colspan="2">编制单位意见：
编制单位:（盖章）
代表签名：
年 月 日</td><td colspan="2">审核单位意见：
审核单位:（盖章）
代表签名：
年 月 日</td><td colspan="3">委托方意见：
委托方:（盖章）
代表签名：
年 月 日</td></tr>
</table>

F. 0. 4 经审核的施工图预算、审核对比表与批复文件对比表等参照施工图预算及设计概算编制套表。

附录G 方案经济分析成果文件格式

G.0.1 方案经济分析封面可按表G.0.1编制。

表G.0.1 方案经济分析封面

（工程名称） **总体方案经济分析** （专项方案经济分析） 档案号：   （编制单位名称） （工程造价咨询企业执业印章） 年 月 日

G.0.2 方案经济分析签署页可按表 G.0.2 编制。

表 G.0.2 方案经济分析签署页

（工程名称）

总体方案经济分析

（专项方案经济分析）

档案号：

编制人：________________（执业或从业印章）

审核人：________________（执业或从业印章）

审定人：________________（执业或从业印章）

法定代表人或其授权人：____________________

G. 0. 3 方案经济分析编制说明可按表 G.0.3 编制。

表 G.0.3 方案经济分析编制说明

编制说明
1. 工程及设计方案概况 2. 设计方案经济分析范围 3. 经济分析依据 4. 影响设计方案的各项功能及其权重概述 5. 有关参数和指标说明 6. 特殊问题说明

G. 0. 4 方案经济分析打分表可按表 G.0.4 编制。

表 G.0.4 方案经济分析打分表

功能项目	各方案功能打分表（A、B……N）					
	专家 1	专家 2	专家 3	专家 4	专家 5	各功能得分
F_1	S_{11}	S_{21}	S_{31}	S_{41}	S_{51}	$W_{(A\text{-}N)1}=(\sum S_{11}+S_{21}+\cdots+S_{51})/5$
F_2	S_{12}	S_{22}	S_{32}	S_{42}	S_{52}	$W_{(A\text{-}N)2}=(\sum S_{12}+S_{22}+\cdots+S_{52})/5$
F_3	S_{13}	S_{23}	S_{33}	S_{43}	S_{53}	$W_{(A\text{-}N)3}=(\sum S_{13}+S_{23}+\cdots+S_{53})/5$
F_4	S_{14}	S_{24}	S_{34}	S_{44}	S_{54}	$W_{(A\text{-}N)4}=(\sum S_{14}+S_{24}+\cdots+S_{54})/5$
…	…	…	…	…	…	…
F_n	S_{1n}	S_{2n}	S_{3n}	S_{4n}	S_{5n}	$W_{(A\text{-}N)n}=(\sum S_{1n}+S_{2n}+\cdots+S_{5n})/5$
专家签字栏						

G. 0. 5 功能打分汇总表可按表 G.0.5 编制。

表 G.0.5 功能打分汇总表

功能项目	功能权重	各方案功能打分汇总表			
		A	B	…	N
F_1	α_1	W_{A1}	W_{B1}	…	W_{N1}
F_2	α_2	W_{A2}	W_{B2}	…	W_{N2}
F_3	α_3	W_{A3}	W_{B3}	…	W_{N3}
F_4	α_4	W_{A4}	W_{B4}	…	W_{N4}
…	…	…	…	…	…
F_n	α_n	W_{An}	W_{Bn}	…	W_{Nn}

注：功能权重之和应为 1，即$\alpha_1+\alpha_2+\cdots+\alpha_n=1$。

G. 0. 6 功能系数计算表可按表 G.0.6 编制。

表 G.0.6 功能系数计算表

方案功能	功能权重	各方案功能评价值			
		A	B	…	N
F_1	α_1	$T_{A1}=W_{A1}\times\alpha_1$	$T_{B1}=W_{B1}\times\alpha_1$	…	$T_{N1}=W_{N1}\times\alpha_1$
F_2	α_2	$T_{A2}=W_{A2}\times\alpha_2$	$T_{B2}=W_{B2}\times\alpha_2$	…	$T_{N2}=W_{N2}\times\alpha_2$
F_3	α_3	$T_{A3}=W_{A3}\times\alpha_3$	$T_{B3}=W_{B3}\times\alpha_3$	…	$T_{N3}=W_{N3}\times\alpha_3$
F_4	α_4	$T_{A4}=W_{A4}\times\alpha_4$	$T_{B4}=W_{B4}\times\alpha_4$		$T_{N4}=W_{N4}\times\alpha_4$
…	…	…	…	…	…
F_n	α_n	$T_{An}=W_{An}\times\alpha_n$	$T_{Bn}=W_{Bn}\times\alpha_n$	…	$T_{Nn}=W_{Nn}\times\alpha_n$
合计		$Z_A=\sum T_{A(1-n)}$	$Z_B=\sum T_{B(1-n)}$	…	$Z_N=\sum T_{N(1-n)}$
功能系数		$F_A=Z_A/\sum Z_{A-N}$	$F_B=Z_B/\sum Z_{A-N}$	…	$F_N=Z_N/\sum Z_{A-N}$

注：功能系数之和应为 1，即 $F_A+F_B+\cdots+F_N=1$。

G. 0. 7 成本系数计算表可按表 G.0.7 编制。

表 G.0.7 成本系数计算表

方案	A	B	…	N	合计
单方造价/（元/m²）或费用/元	X_A	X_B	…	X_N	$\sum X_{A-N}$
成本系数	$C_A=X_A/\sum X_{A-N}$	$C_B=X_B/\sum X_{A-N}$	…	$C_N=X_N/\sum X_{A-N}$	

注：成本系数之和应为 1，即 $C_A+C_B+\cdots+C_N=1$。

G. 0. 8 价值系数计算表可按表 G.0.8 编制。

表 G.0.8 价值系数计算表

方案	A	B	…	N
功能系数	F_A	F_B	…	F_N
成本系数	C_A	C_B	…	C_N
价值系数	$V_A = F_A / C_A$	$V_B = F_B / C_B$	…	$V_N = F_N / C_N$

附录 H 限额设计成果文件格式

H.1 限额设计指标书

H. 1. 1 限额设计指标书封面可按表 H.1.1 编制

表 H.1.1 限额设计指标书封面

（工程名称） **限额设计指标书** 档案号： 共 册 第 册   （单位名称） （工程造价咨询企业执业章） 年 月 日

H.1.2 限额设计指标书签署页可按表 H.1.2 编制。

表 H.1.2 限额设计指标书签署页

（工程名称）

限额设计指标书

档案号：

共　册　第　册

编制人：＿＿＿＿＿＿＿＿（执业或从业印章）

审核人：＿＿＿＿＿＿＿＿（执业或从业印章）

审定人：＿＿＿＿＿＿＿＿（执业或从业印章）

法定代表人或其授权人：＿＿＿＿＿＿＿＿

H. 1. 3 限额设计指标书编制说明可按表 H.1.3 编制。

表 H.1.3 编制说明

编制说明

一、工程概况

建设单位：

工程名称：

建设地点：

建设规模：

结构形式：

建设性质：

装修概况：

室内装修标准及主要材料参考品牌：（进口、合资、国内）

外墙装修标准及主要材料参考品牌：（进口、合资、国内）

给排水工程采用主要设备及材料参考品牌：（进口、合资、国内）

强电工程采用主要设备及材料参考品牌：（进口、合资、国内）

弱电工程采用主要设备及材料参考品牌：（进口、合资、国内）

暖通工程采用主要设备及材料参考品牌：（进口、合资、国内）

电梯数量及参考品牌：（进口、合资、国内）

资金来源：

可研批复文号：

可研批复金额：

二、总限额目标合理性分析

三、限额设计指标

经与各专业设计人员充分沟通，结合委托方具体需求，最终确定以下限额设计指标：（初步设计限额设计指标表可按表 H. 1. 4 编制，施工图设计限额设计指标表可按表 H. 1. 5 编制）

四、其他说明

H.1.4 初步设计限额设计指标表可按表 H.1.4 编制。

表 H.1.4 初步设计限额设计指标表

子项名称：　　　　　　　　　　　　　　　　　　　　年　　月

工程名称		建设规模/m^2	限额单方造价/（元/m^2）	限额总价/万元	专业设计负责人	确认签名	备注
1	建筑与装饰工程						
1.1	土建工程						
1.2	装饰工程						
1.3	精装修工程						
1.4	屋面工程						
1.5	钢结构工程						
1.6	幕墙工程						
	……						
2	安装工程						
2.1	给排水工程						
2.2	消防工程						
2.3	强电工程						
2.4	弱电工程						
2.5	暖通工程						
2.6	电梯工程						
	……						
3	总图工程						
3.1	总平绿化						
3.2	总平铺装及景观						
3.3	总平安装						
3.4	交通安全设施						
	……						
4	其他工程						
4.1	……						
5	合计						

（备注：根据项目具体要求单位工程内容可做相应调整）

建设单位：　　　　　　　造价专业负责人：　　　　　　　设计总负责人：

H. 1. 5　施工图设计限额设计指标表可按表 H.1.5 编制。

表 H.1.5　施工图设计限额设计指标表

子项名称：　　　　　　　　　　　　　　　　　　　　　　　年　月

工程名称		建筑面积 /m²	限额单方造价 /（元/m²）	限额总价 /万元	专业设计负责人	签字确认	备注
建筑工程	土石方						
	地基处理与边坡支护						
	桩基工程						
	砌筑						
	混凝土						
	钢筋						
	钢结构						
	屋面工程						
	防水						
	保温						
	小计						
装饰工程	楼地面						
	墙柱面						
	幕墙						
	顶棚						
	门窗						
	油漆涂料						
	其他						
	小计						
安装工程	给排水						
	消防						
	强电						
	弱电						
	暖通						
	电梯						
	小计						
总图工程	总平绿化						
	总平景观						
	总平安装						
	交通安全设施						
	小计						
合计							

（备注：根据项目具体要求分部工程内容可做相应调整）

建设单位：　　　　　造价专业负责人：　　　　　设计总负责人：

H.2 限额设计关键控制点报告书

H. 2. 1 限额设计关键控制点报告书封面可按表 H.2.1 编制。

表 H.2.1 限额设计关键控制点报告书

<table>
<tr><td>

（工程名称）

限额设计关键控制点报告书

档案号：

共　册　第　册

（单位名称）

（工程造价咨询企业执业章）

年　月　日

</td></tr>
</table>

H. 2. 2 限额设计关键控制点报告书签署页可按表 H.2.2 编制。

表 H.2.2 限额设计关键控制点报告书签署页

（工程名称）

限额设计关键控制点报告书

档案号：

共　册　第　册

编制人：________________（执业或从业印章）

审核人：________________（执业或从业印章）

审定人：________________（执业或从业印章）

法定代表人或其授权人：________________

H. 2. 3 限额设计关键控制点报告书编制说明可按表 H.2.3 编制

表 H.2.3 编制说明

编制说明

一、工程概况

（参照 H.1.3 限额设计指标书编制说明）

二、关键控制点的选取

1. 关键控制点的选取原则及基本说明。

2. 选取的关键控制点。

表 1 限额设计关键控制点

序号	关键控制点	预估工程量	单位	限额单方造价	限额总价/万元	占总投资比例/%	备注
1	（幕墙工程）						采用何种材料、工艺等
2	（钢结构工程）						
3	（××设备）						规格/型号
4	（××系统）						
…	…						

三、关键控制点动态监控说明

1. 关键控制点调整过程说明。

2. 关键控制点调整过程记录，详附表。

表 2 关键控制点调整过程记录表

关键控制点	调整日期	调整方案及原因描述描述	原方案测算造价	调整后方案测算造价	差额/元	限额设计总造价	是否满足限额设计目标
(幕墙工程)		（设计文件测算结果超出限额设计造价，故将原××材料调整为××材料）					
(幕墙工程)		（甲方要求，将原规模××m^2调整为××m^2）					
		…					

四、控制成果

五、其他说明

H.3 限额设计造价测算报告书

H. 3. 1 限额设计造价测算报告书封面可按表 H.3.1 编制。

表 H.3.1 限额设计造价测算报告书封面

（工程名称） **限额设计造价测算报告书** 档案号： 共 册 第 册 （单位名称） （工程造价咨询企业执业章） 年 月 日

H. 3. 2 限额设计造价测算报告书签署页可按表 H.3.2 编制。

表 H.3.2 限额设计造价测算报告书签署页

（工程名称）

限额设计造价测算报告书

档案号：

共 册 第 册

编制人：____________（执业或从业印章）

审核人：____________（执业或从业印章）

审定人：____________（执业或从业印章）

法定代表人或其授权人：____________

H. 3. 3 限额设计造价测算报告书编制说明可按表 H.3.3 编制。

表 H.3.3 限额设计造价测算报告书编制说明

编制说明 一、工程概况 （参照 H.1.3 限额设计指标书编制说明） 二、造价测算及设计文件调整 主要设计文件调整及造价测算过程情况说明。 三、造价测算结果与限额设计指标对比分析。 四、其他说明 附件：限额设计造价测算书

H. 3. 4 设计测算与限额设计指标对比分析表可按表 H.3.4 编制。

表 H.3.4 设计测算与限额设计指标对比分析表

子项名称	工程名称		测算指标			限额指标			差额			差异原因分析
			建筑面积/m^2	单方造价/(元/m^2)	总价/万元	建筑面积/m^2	单方造价/(元/m^2)	总价/万元	建筑面积/m^2	单方造价/(元/m^2)	总价/万元	
子项1	1	建筑与装饰工程										
	1.1	土建工程										
	1.2	装饰工程										
	1.3	精装修工程										
	1.4	屋面工程										
	1.5	钢结构工程										
	1.6	幕墙工程										
	2	安装工程										
	2.1	给排水工程										
	2.2	消防工程										
	2.3	强电工程										
	2.4	弱电工程										
	2.5	暖通工程										
	2.6	电梯工程										
	3	其他工程										
总图工程	1	总平景观绿化										
	2	总平安装										
	3	交通安全设施										
合计												

注：上述表格可根据实际情况进行调整。

附录 J 设计优化造价咨询成果文件格式

J. 0. 1 设计优化建议书封面可按表 J.0.1 编制。

表 J.0.1 设计优化建议书封面

<table><tr><td>
（工程名称）
设计优化建议书
档案号：

（工程造价咨询企业名称）
（工程造价咨询企业执业印章）
年 月 日
</td></tr></table>

J. 0. 2 设计优化建议书签署页可按表 J.0.2 编制。

表 J.0.2 设计优化建议书签署页

<table>
<tr><td>

（工程名称）

设计优化建议书

档案号：

编制人：________________（执业或从业印章）
审核人：________________（执业或从业印章）
审定人：________________（执业或从业印章）
法定代表人或其授权人：________________

</td></tr>
</table>

J. 0. 3 设计优化建议报告可按表 J.0.3 编制。

表 J.0.3　设计优化建议报告

设计优化建议报告 1. 工程概况 2. 优化范围 3. 优化原则 4. 优化方法 5. 优化依据 6. 优化要求 7. 优化程序 8. 主要问题处理情况 9. 优化结果 10. 优化建议

J. 0. 4 设计优化前后造价签署表可按表 J.0.4 编制。

表 J.0.4 设计优化前后造价签署表

<table>
<tr><td>工程名称</td><td colspan="2"></td><td colspan="2">工程地址</td><td colspan="2"></td></tr>
<tr><td>发包人</td><td colspan="2"></td><td colspan="2">设计人</td><td colspan="2"></td></tr>
<tr><td>委托合同编号</td><td colspan="2"></td><td colspan="2">核定日期</td><td colspan="2"></td></tr>
<tr><td rowspan="2">优化前金额/元</td><td colspan="2" rowspan="2"></td><td rowspan="2">调整金额/元</td><td>核增</td><td colspan="2"></td></tr>
<tr><td>核减</td><td colspan="2"></td></tr>
<tr><td>优化后金额/元</td><td>大写</td><td colspan="3"></td><td>小写</td><td></td></tr>
<tr><td>委托方：
（签章）

法定代表人或其授权人：
（签字或盖章）</td><td colspan="2">发包人：
（签章）

法定代表人或其授权人：
（签字或盖章）</td><td colspan="2">设计人：
（签章）

法定代表人或其授权人：
（签字或盖章）</td><td colspan="2">工程造价咨询企业：
（签章）

法定代表人或其授权人：
（签字或盖章）

技术负责人：
（签字并盖执业章）</td></tr>
</table>

注：调整金额 = 优化前金额 – 优化后金额

J.0.5 设计优化前后造价汇总对比表可按表 J.0.5 编制。

表 J.0.5 设计优化前后造价汇总对比表

工程名称： 第 页 共 页

序号	单项工程名称	优化前金额/元	优化后金额/元	调整金额/元	备注
	合计				

J. 0. 6 单项工程设计优化前后造价汇总对比表可按表 J.0.6 编制。

表 J.0.6 单项工程设计优化前后造价汇总对比表

工程名称： 第　页 共　页

序号	单位工程名称	优化前金额/元	优化后金额/元	调整金额/元	备注
	合计				

J. 0. 7 单位工程设计优化前后造价汇总对比表可按表 J.0.7 编制。

表 J.0.7 单位工程设计优化前后造价汇总对比表

工程名称：　　　　　　　　　　　　　　　　　　　　第　　页 共　　页

序号	分部分项工程名称	优化前金额/元	优化后金额/元	调整金额/元	备注
	合计				

附录K　发承包阶段成果文件格式

K.0.1　合约规划可按K.0.1目录对应内容编制。

表K.0.1　合约规划

目　录

内容	页数
1. 项目概况	
2. 合约规划综述	
3. 各工程招标定标计划	
4. 土建施工总包招标策划要点	
5. 其他主要工程招标策划	
6. 目标成本分解	
附件	
附件一：合同框架	
附件二：工程招标节点安排计划	
附件三：土建施工总包工程与各主要独立工程界面划分	
附件四：招标流程及主要工作安排	
附件五：目标成本分解	

K. 0. 2 造价风险控制报告可按 K.0.2 编制。

表 K.0.2 造价风险控制报告

目　录

内容	页数
1. 项目概况	
2. 风险分析数据	
3. 潜在风险因素	
4. 风险影响程度	
5. 预防与管控措施	
6. 其他建议	

附录L　施工阶段成果文件格式

L.0.1　造价风险分析报告可按表L.0.1目录内容编制。

表L.0.1　造价风险分析报告

目　录

内容	页数
1. 项目概况	
2. 合同风险分析及建议	
3. 投标文件风险分析及建议	
4. 材料设备价格等市场风险分析及建议	
5. 人工、机械等政策性调价风险分析及建议	
6. 变更索赔风险分析及建议	
7. 项目管理风险分析及建议	
8. 资料管理风险分析及建议	
9. 其他	

L. 0. 2 项目资金使用计划表可按表 L.0.2 编制。

表 L.0.2 项目资金使用计划表

工程名称：　　　　　　　　　　　　　　　　　　编制日期：　　年　　月　　日

序号	发承包合同名称	合同总价	计划开工日期	计划完工日期	计划总工期/天	截至×年×月累计已支付金额	截至×年×月尚需支付金额	工程款支付金额计划			竣工验收完成支付金额	质量保证（修）金
		人民币/元						×年×月	…	×年×月		
一	施工合同											
1												
2												
3												
	……											
二	材料、设备供应合同											
1	……											

注：应列明主要时间节点（开工日期、竣工日期、出± 0.00 日期、结构封顶日期、外立面工程完成日期、装饰工程完成日期、外场工程完成日期等）。

L. 0. 3 工程款支付台账可按表 L.0.3 编制。

表 L.0.3 工程款支付台账

工程名称：

发承包合同名称： 填表日期： 单位：元

期数	计量月份	合同总金额	修正合同金额	预付款金额	往期累计计量金额			本期计量金额			本期支付金额	备注
					已完合同金额	已支付金额	未支付金额	本期完成合同金额	本期完成比例	其中：变更工程费		
1												
2												
3												
4												
5												
6												
7												
合计												

L. 0. 4 签约合同价与费用支付情况表可按表 L.0.4 编制。

表 L.0.4 签约合同价与费用支付情况表

工程名称：　　　　　　　　　　　　　　　　　　　　编制日期：　　年　　月　　日

序号	发承包合同名称	合同编号	承包单位	合同约定工程款支付节点	合同总价	当前累计已支付工程款金额	当前累计已付工程款比例/%	未付工程合同价余额	未付工程合同价比例/%	预计剩余工程用款金额	预计工程总用款与合同价的差值	产生较大或重大偏差的原因分析
					人民币/元	人民币/元		人民币/元		人民币/元	人民币/元	
一	施工合同											
1												
2												
3												
4												
5												
6												
二	材料、设备供应合同											
1	……											
2												

L. 0. 5 材料、设备询价（核价）表可按表 L.0.5 编制。

表 L.0.5 材料、设备询价（核价）表

材料或设备名称： 编制日期： 年 月 日

<table>
<tr><td>工程名称</td><td></td><td>发包人</td><td></td></tr>
<tr><td>承包人</td><td></td><td>监理单位</td><td></td></tr>
<tr><td>询价方式</td><td></td><td>询价时间</td><td></td></tr>
<tr><td colspan="4">询价参加人员：</td></tr>
<tr><td colspan="4">询价记录：
1. 材料（设备）名称：
2. 生产厂家：
3. 供应商：
4. 供应方式及供应单价：
5. 材料规格、品种、质地、颜色、等级：
6. 辅助材料名称：
7. 单价包括的内容：
8. 拟购数量：
9. 施工单位报价：

咨询（申请）人： 授权代表： 年 月 日</td></tr>
<tr><td colspan="4">监理单位意见：

监理工程师： 年 月 日</td></tr>
<tr><td colspan="4">造价咨询单位意见：

造价工程师： 年 月 日</td></tr>
<tr><td colspan="4">发包人审核意见：

发包人（章）： 发包人代表： 年 月 日</td></tr>
</table>

L. 0. 6 工程造价管理台账可按表 L.0.6 目录内容编制。

表 L.0.6 工程造价管理台账

序号	台账名称	备注
1	项目变更台账	
2	项目图纸台账	
3	项目工程款支付台账	
4	项目认质核价台账	
5	项目造价风险台账	
6	项目会议纪要台账	
7	项目变更测算台账	
8	过控月报	

L. 0. 7 工程造价动态管理与控制表可按表 L.0.7 编制。

表 L.0.7 工程造价动态管理与控制表

工程名称：　　　　　　　　　　　　　　　　编制日期：　　年　　月　　日

序号	项目	项目批准概算金额/投资控制目标金额	合同编号	合同名称	承包单位	签约合同价	修正合同价	已发生的工程变更/签证费用	当前已知工程造价	预计将发生工程变更/签证费用	当前预计工程造价	当前预计工程造价与批准概算（或投资控制目标值）的差值	可能存在的价款调整项目、主要偏差情况及产生较大或重大偏差产生的原因分析和必要的说明、意见和建议
		人民币/元				人民币/元	人民币/元	人民币/元	人民币/元	人民币/元	人民币/元	人民币/元	
一													
1													
2													
二													
1													
2													
三													
1													
2													

附录 M　竣工结算编制成果文件格式

M. 0. 1　竣工结算封面可按表 M.0.1 编制。

表 M.0.1　竣工结算封面

<table>
<tr><td>

（工程名称）

竣工结算

档案号：

（编制单位名称）

（工程造价咨询企业执业印章）

年　月　　日

</td></tr>
</table>

M. 0. 2 竣工结算签署页可按表 M.0.2 编制。

表 M.0.2 竣工结算签署页

<table>
<tr><td>

（工程名称）

竣工结算

档案号：

编制人：______________（执业或从业印章）
审核人：______________（执业或从业印章）
审定人：______________（执业或从业印章）
法定代表人或其授权人：__________________

</td></tr>
</table>

M. 0. 3 竣工结算编制说明可按表 M.0.3 编制。

表 M.0.3 竣工结算编制说明

编制说明
1. 工程概况 2. 编制范围 3. 编制依据 4. 计价方法（单价法、总价法或成本加酬金等） 5. 计税方式（增值税：一般计税或简易计税） 6. 有关工程计量计价及人工、材料、设备等价格和费率取定的说明 7. 应予说明的其他事项

M. 0. 4 竣工结算汇总表可按表M.0.4编制。

表M.0.4 竣工结算汇总表

工程名称：　　　　标段：　　　　　　　　第　页　共　页

序号	单项工程名称	金额/元	其中	
			安全文明施工费/元	规费/元

编制人：　　　　　　审核人：　　　　　　审定人：

M. 0. 5 单项工程竣工结算汇总表可按表M.0.5编制。

表M.0.5 单项工程竣工结算汇总表

单项工程名称： 第 页 共 页

序号	单位工程名称	金额/元	其中	
			安全文明施工费/元	规费/元

编制人： 审核人： 审定人：

M. 0. 6 单位工程竣工结算汇总表可按表 M.0.6 编制

表 M.0.6 单位工程竣工结算汇总表

单位工程名称： 第 页 共 页

序号	汇总内容	金额/元
1	分部分项工程	
1.1		
1.2		
1.3		
1.4		
1.5		
	…	
2	措施项目	
2.1	安全文明施工费	
	…	
3	其他项目	
3.1	专业工程结算价	
3.2	计日工	
3.3	总承包服务费	
3.4	索赔及现场签证	
	…	
竣工结算总价合计 = 1 + 2 + 3		

编制人： 审核人： 审定人：

M.0.7 分部分项工程和单价措施项目清单与计价表可按表M.0.7编制。

表 M.0.7 分部分项工程和单价措施项目清单与计价表

单位工程名称：　　　　　　　　　　　　　　　　第　页　共　页

序号	项目编码	项目名称	项目特征描述	计量单位	工程量	金额/元		
						综合单价	合价	其中：暂估价
本页小计								
合计								

M.0.8 总价措施项目清单与计价表可按表 M.0.8 编制。

表 M.0.8 总价措施项目清单与计价表

单位工程名称：　　　　　　　　　　　　　　　　第　　页　共　　页

序号	项目编码	项目名称	计算基础	费率/%	金额/元
		安全文明施费			
		夜间施工费			
		二次搬运费			
		冬雨季施工费			
		已完工程及设备保护费			
		各专业工程的措施项目			
合计					

M. 0. 9 其他项目清单与计价汇总表可按表 M.0.9 编制。

表 M.0.9 其他项目清单与计价汇总表

单位工程名称：　　　　　　　　　　　　　　第　　页　共　　页

序号	项目名称	计算单位	金额/元	备注
1	专业工程结算价			
2	计日工			
3	总承包服务费			
4	索赔与现场签证			
合计				

附录 N　竣工结算审核成果文件格式

N. 0. 1　竣工结算审核书封面可按表 N.0.1 编制。

表 N.0.1　竣工结算审核书封面

（工程名称） **竣工结算审核书** 档案号：   （编制单位名称） （工程造价咨询企业执业印章） 年　月　日

N. 0. 2 竣工结算审核签署页可按表 N.0.2 编制。

表 N.0.2 竣工结算签署页

（工程名称）

竣工结算审核书

档案号：

编制人：________________（执业或从业印章）

审核人：________________（执业或从业印章）

审定人：________________（执业或从业印章）

法定代表人或其授权人：________________

N. 0. 3 竣工结算审核报告可按表 N.0.3 编制

表 N.0.3 竣工结算审核报告

<table><tr><td>竣工结算审核报告
1. 工程概况
2. 审核范围
3. 审核原则
4. 审核方法
5. 审核依据
6. 审核要求
7. 审核程序
8. 主要问题及处理情况
9. 审核结果
10. 有关建议</td></tr></table>

N. 0. 4 竣工结算审定签署表可按表 N.0.4 编制。

表 N.0.4 竣工结算审定签署表

<table>
<tr><td>工程名称</td><td colspan="3"></td><td>工程地址</td><td colspan="3"></td></tr>
<tr><td>发包人单位</td><td colspan="3"></td><td>承包人单位</td><td colspan="3"></td></tr>
<tr><td rowspan="3">报审结算金额/元</td><td rowspan="3" colspan="3"></td><td>审定日期</td><td colspan="3"></td></tr>
<tr><td rowspan="2">调整金额/元</td><td>核增</td><td colspan="2"></td></tr>
<tr><td>核减</td><td colspan="2"></td></tr>
<tr><td>审定结算金额/元</td><td>大写</td><td colspan="3"></td><td colspan="2">小写</td><td></td></tr>
<tr><td colspan="2">委托单位
（签章）

法定代表人或其授权人
（签字或盖章）</td><td colspan="2">发包人单位
（签章）

法定代表人或其授权人
（签字或盖章）</td><td colspan="2">承包人单位
（签章）

法定代表人或其授权人
（签字或盖章）</td><td colspan="2">工程造价咨询企业
（签章）

法定代表人或其授权人
（签字或盖章）

技术负责人
（签字并盖执业章）</td></tr>
</table>

注：调整金额 = 报审结算金额 − 审定结算金额

N. 0. 5 竣工结算审核汇总对比表可按表 N.0.5 编制。

表 N.0.5 竣工结算审核汇总对比表

工程名称：　　　　　　　　　　　　　　　　　　　标段：　　　　第　　页 共　　页

序号	单项工程名称	报审结算金额/元	审定结算金额/元	调整金额/元	备注
	合计				

编制人：　　　　　　　　　　审核人：　　　　　　　　　　审定人：

N. 0. 6 单项工程竣工结算审核汇总对比表可按表 N.0.6 编制。

表 N.0.6 单项竣工结算审核汇总对比表

单项工程名称：　　　　　　　　　　　　　　　　　　第　　页 共　　页

序号	单位工程名称	报审结算金额/元	审定结算金额/元	调整金额/元	备注
	合计				

编制人：　　　　　　　　审核人：　　　　　　　　审定人：

N. 0. 7 单位工程竣工结算审核汇总对比表可按表 N.0.7 编制。

表 N.0.7 单位竣工结算审核汇总对比表

单位工程名称： 第 页 共 页

序号	汇总内容	报审结算金额/元	审定结算金额/元	调整金额/元	备注
1	分部分项工程				
1.1					
1.2					
1.3					
	……				
2	措施项目				
2.1	安全文明施工费				
3	其他项目				
3.1	专业工程结算价				
3.2	计日工				
3.3	总承包服务费				
3.4	索赔与现场签证				
	合计				

编制人： 审核人： 审定人：

N. 0. 8 分部分项工程和单价措施项目清单与计价审核汇总对比表可按表 N.0.8 编制。

表 N.0.8 分部分项工程和单价措施项目清单与计价审核汇总对比表

单位工程名称： 第 页 共 页

序号	项目编码	项目名称	项目特征描述	计量单位	原报审			审核后			调整金额/元	备注
					工程量	综合单价/元	合价/元	工程量	综合单价/元	合价/元		
本页小计												
合计												

N.0.9 总价措施项目清单与计价审核汇总对比表可按表N.0.9编制。

表N.0.9 总价措施项目清单与计价审核汇总对比表

单位工程名称： 第 页 共 页

序号	项目编码	项目名称	原报审			审核后			调整金额/元	备注
			取费基数	费率/%	金额/元	取费基数	费率/%	金额/元		
		安全文明施工费								
		夜间施工费								
		二次搬运费								
		冬雨季施工增加费								
		已完工程及设备保护费								
合计										

N. 0. 10 其他项目清单与计价审核汇总对比表可按表 N.0.10 编制。

表 N.0.10 其他项目清单与计价审核汇总对比表

单位工程名称： 第 页 共 页

序号	项目名称	计量单位	报审结算金额/元	审定结算金额/元	调整金额/元	备注
1	专业工程暂估价					
2	计日工					
3	总承包服务费					
4	索赔与现场签证					
合 计						-

附录P 工程竣工决算编制成果文件格式

P. 0. 1 基本建设项目竣工财务决算报表封面可按表P.0.1编制。

表P.0.1 基本建设项目竣工财务决算报表封面

建设单位：

建设项目名称：

主管部门：

建设性质：

基本建设项目竣工财务决算报表

建设单位负责人：　　　　　　　　建设单位财务负责人：

编报日期：　　年　　月　　日

P. 0. 2 基本建设项目概况表可按表 P.0.2 编制。

表 P.0.2 基本建设项目概况表

建竣决 01 表

<table>
<tr><td>建设项目（单项工程）名称</td><td colspan="3"></td><td>建设地址</td><td colspan="3"></td><td rowspan="9">基建支出</td><td colspan="2">项目</td><td>概算/元</td><td>实际/元</td><td>备注</td></tr>
<tr><td>主要设计单位</td><td colspan="3"></td><td>主要施工企业</td><td colspan="3"></td><td colspan="2">建筑安装工程</td><td></td><td></td><td></td></tr>
<tr><td rowspan="2">占地面积</td><td colspan="2">设计</td><td>实际</td><td rowspan="2">总投资/万元</td><td colspan="2">设计</td><td>实际</td><td colspan="2">设备、工具、器具</td><td></td><td></td><td></td></tr>
<tr><td colspan="2"></td><td></td><td colspan="2"></td><td></td><td colspan="2">待摊投资</td><td></td><td></td><td></td></tr>
<tr><td rowspan="2">新增生产能力</td><td colspan="4">能力（效益）名称</td><td colspan="2">设计</td><td>实际</td><td colspan="2">其中：建设单位管理费</td><td></td><td></td><td></td></tr>
<tr><td colspan="4"></td><td colspan="2"></td><td></td><td colspan="2">其他投资</td><td></td><td></td><td></td></tr>
<tr><td rowspan="2">建设起止时间</td><td>设计</td><td colspan="6">自　年　月　日至　年　月　日</td><td colspan="2">待核销基建支出</td><td></td><td></td><td></td></tr>
<tr><td>实际</td><td colspan="2"></td><td></td><td colspan="2"></td><td></td><td colspan="2">非经营性项目转出投资</td><td></td><td></td><td></td></tr>
<tr><td>设计概算批准文号</td><td colspan="7"></td><td colspan="2">合计</td><td></td><td></td><td></td></tr>
<tr><td rowspan="4">完成主要工程量</td><td colspan="7">建设规模</td><td colspan="6">设备/（台、套、吨）</td></tr>
<tr><td colspan="4">设计</td><td colspan="3">实际</td><td colspan="2">设计</td><td colspan="4">实际</td></tr>
<tr><td colspan="4"></td><td colspan="3"></td><td colspan="2"></td><td colspan="4"></td></tr>
<tr><td colspan="4"></td><td colspan="3"></td><td colspan="2"></td><td colspan="4"></td></tr>
<tr><td rowspan="4">收尾工程</td><td colspan="4">工程项目内容</td><td colspan="3">已完成投资额</td><td colspan="2">尚需投资</td><td colspan="4">完成时间</td></tr>
<tr><td colspan="4"></td><td colspan="3"></td><td colspan="2"></td><td colspan="4"></td></tr>
<tr><td colspan="4"></td><td colspan="3"></td><td colspan="2"></td><td colspan="4"></td></tr>
<tr><td colspan="4">小计</td><td colspan="3"></td><td colspan="2"></td><td colspan="4"></td></tr>
</table>

P. 0. 3 基本建设项目竣工财务决算表可按表 P.0.3 编制。

表 P.0.3 基本建设项目竣工财务决算表

建竣决 02 表　　　　单位：元

资金来源	金额	资金占用	金额
一、基建拨款		一、基本建设支出	
1. 预算拨款		1. 交付使用资产	
2. 基建基金拨款		2. 在建工程	
其中：国债专项资金拨款		3. 待核销基建支出	
3. 专项建设基金拨款		4. 非经营项目转出投资	
4. 进口设备转账拨款		二、应收生产单位投资借款	
5. 器材转账拨款		三、拨付所属投资借款	
6. 煤代油专用基金拨款		四、器材	
7. 自筹资金拨款		其中：待处理器材损失	
8. 其他拨款		五、货币资金	
二、项目资本		六、预付及应收款	
1. 国家资本		七、有价证券	
2. 法人资本		八、固定资产	
3. 个人资本		固定资产原价	
4. 外商资本		减：累计折旧	
三、项目资本公积		固定资产净值	

续表

资金来源	金额	资金占用	金额
四、基建借款		固定资产清理	
其中：国债转贷		待处理固定资产损失	
五、上级拨入投资借款			
六、企业债券资金			
七、待冲基金支出			
八、应付款			
九、未交款			
1. 未交税金			
2. 其他未交款			
十、上级拨入资金			
十一、留成收入			
合计		合计	

补充资料：

基建投资借款期末余额：

应收生产单位投资借款期末数：

基建结余资金：

P. 0. 4 基本建设项目交付使用资产总表可按表 P.0.4 编制。

表 P.0.4 基本建设项目交付使用资产总表

建竣决 03 表　　　　单位：元

序号	单项工程项目名称	总计	固定资产				流动资产	无形资产	递延资产
			合计	建安工程	设备	其他			

交付单位：　　　　接收单位：

盖章：　　年　　月　　日　　盖章：　　年　　月　　日

P. 0. 5 基本建设项目交付使用资产明细表可按表 P.0.5 编制。

表 P.0.5 基本建设项目交付使用资产明细表

建竣决 04 表

单项工程名称	建筑工程			设备工具器具家具						流动资产		无形资产		递延资产	
	结构	面积/m^2	价值/元	名称	规格型号	单位	数量	价值/元	设备安装费/元	名称	价值/元	名称	价值/元	名称	价值/（元

交付单位：（盖章）　　　　接收单位：（盖章）

单位负责人（签字或盖章）　　　　单位负责人：（签字或盖章）

年　月　日　　　　年　月　日

附录Q 造价鉴定成果文件格式

Q.0.1 工程造价鉴定意见书封面可按表Q.0.1编制。

表Q.0.1 工程造价鉴定意见书封面

（工程名称） **工程造价鉴定意见书** （鉴定机构名称） 档案号：   （工程造价咨询企业执业印章） 年　月　日

Q. 0. 2 工程造价鉴定意见书签署页可按表 Q.O.2 编制。

表 Q.0.2 工程造价鉴定意见书签署页

（工程名称）

工程造价鉴定意见书

档案号：

编制人：__________（执业或从业印章）

审核人：__________（执业或从业印章）

审定人：__________（执业或从业印章）

法定代表人或其授权人：__________

Q.0.3 工程造价鉴定人员声明可按表 Q.0.3 编制。

表 Q.0.3 工程造价鉴定人员声明

<table>
<tr><td>

工程造价鉴定人员声明

（鉴定委托人名称）：

受______委托，对____________项目的工程造价进行鉴定。参与本次鉴定工作的造价鉴定人员郑重声明：

1. 我们在本鉴定意见书中陈述的事实是真实和准确的；

2. 本报告中的分析、意见和结论是我们自己独立、公正的专业分析、意见和结论；

3. 工程造价及其相关经济问题存在固有的不确定性，本报告结论的依据是贵方委托书，仅负责对委托鉴定范围及内容做出结论，未考虑与其他方面的关联；

4. 我们与本报告中的当事人没有利害关系，也与有关当事人没有个人利害关系或偏见。

工程造价鉴定人员（签章）：______________

执业（从业）证号：______________________

</td></tr>
</table>

本标准用词说明

1　为便于在执行本标准条文时区别对待，对要求严格程度不同的用词说明如下：

1）表示很严格，非这样做不可的：

正面词采用“必须”，反面词采用“严禁”。

2）表示严格，在正常情况下均应这样做的：

正面词采用“应”，反面词采用“不应”或“不得”。

3）表示允许稍有选择，在条件许可时首先应这样做的：

正面词采用“宜”，反面词采用“不宜”。

4）表示有选择，在一定条件下可以这样做的，采用“可”。

2　条文中指明应按其他有关标准执行的写法为“应符合……的规定”或“应按……执行”。

引用标准名录

1 《建设工程工程量清单计价规范》 GB 50500

2 《建设工程造价咨询规范》 GB/T 51095

3 《建设工程造价咨询成果文件质量标准》 CECA/GC 7

四川省工程建设地方标准

四川省建设工程造价咨询标准

Standard for project cost consultation in Sichuan Province

DBJ51/T 090 – 2018

条 文 说 明

制定说明

本标准是根据四川省住房和城乡建设厅《关于下达工程建设地方标准<四川省建设工程造价咨询标准>编制计划的通知》（川建标发〔2017〕69 号），由四川省建设工程造价管理总站、四川省造价工程师协会会同有关单位共同编制完成。

本标准编制过程中，标准编制组经广泛调查研究，认真总结我省工程造价咨询领域的实践经验，参考有关国际和国内先进标准，并在广泛征求意见的基础上制定完成本标准。

为便于广大咨询、设计、施工、科研、学校等单位有关人员在使用本标准时能正确理解和执行条文规定，本标准编制组按章、节、条顺序编制了本标准的条文说明，对条文规定的目的、依据以及执行中需注意的有关事项进行了说明。

目　次

1 总 则

1.0.1 本条文为本标准的编制目的，其针对的是工程造价咨询业务活动。本标准是通过对其业务活动的内容、工作程序、成果文件质量要求等的规范管理，提高建设工程造价咨询成果文件质量，提高咨询服务水平。

1.0.2 本条文为本标准的适用范围，即适用于我省建设工程造价咨询活动及其成果文件的管理，凡在我省开展建设工程造价咨询业务的企业均应执行本标准。工程造价管理机构在对造价咨询企业的业务活动及其成果文件进行检查时均应执行本标准。

1.0.3 本条文明确了工程造价咨询业务活动的原则。合法原则是指工程造价咨询企业和专业人员在工程造价咨询活动中，应依法、依规进行执业，提交合格的成果文件，包括主体合法、程序合法、依据合法、成果文件合法；独立原则是指工程造价咨询企业和专业人员在工程造价咨询活动中，应不受非正常因素干扰独立地提供咨询成果文件；客观性原则是指工程造价咨询企业和专业人员在工程造价咨询活动中，应全面、真实、准确、客观地出具咨询成果文件，对存在的问题进行客观地表述；公正原则是工程造价咨询企业和专业人员在工程造价咨询活动中，应公正地出具咨询成果文件，做到立场公正、行为公正、程序公正、方法科学公正、成果文件体现公正；诚实信用原则是工程造价咨询企业和专业人员在工程造价咨询活动中应当诚实、守信用，正当行使权利和履行义务。

1.0.4 根据《中华人民共和国合同法》的规定，住房城乡建设部、国家工商行政管理总局制定了《建设工程造价咨询合同（示范文本）》（GF-2015-0212），以加强建设工程造价咨询市场管理，规范市场行为。工程造价咨询企业在开展咨询业务时，应选择此范本签订书面的工程造价咨询合同。

1.0.5 本条明确了工程造价咨询企业出具成果报告和签章的原则要求，以及企业和个人责任的划分原则。工程造价咨询企业在签章要求上，要求企业应在各阶段成果文件或需其确认的相关文件上加盖具有企业名称、资质等级、证书编号的执业印章，注册造价工程师应在其完成的成果文件上签字并加盖执业资格专用印章。

1.0.6 从承接工程造价咨询业务企业的业务范围看，企业可以既接受发包人的委托，也可以接受承包人的委托，还可以接受审计、仲裁、法院等工程建设第三方的委托，但是为了确保其执业的公正，企业以及承担咨询业务的工程造价专业人员不得接受同一项目、同一阶段、相对利益方多方委托的咨询业务。

1.0.7 本条明确了注册造价工程师及其他造价专业人员应依法从事咨询服务活动，应具有相应的执业能力和综合素质。

2 术 语

2.0.1 工程造价是指工程项目从投资决策开始到竣工投产所需的建设费用，可以指建设费用中的某个组成部分，如建筑安装工程费，也可以是所有建设费用的总和，如建设投资和建设期利息之和。工程造价按照工程项目所指范围的不同，可以是一个建设项目的造价，一个或多个单项工程或单位工程的造价，以及一个或多个分部分项工程的造价。工程造价在工程建设的不同阶段有具体的称谓，如投资决策阶段为投资估算，设计阶段为设计概算、施工图预算，招投标阶段为招标控制价、投标报价、合同价，施工阶段为工程结算等。在合同价形成之前都是一种预期的价格，在合同价形成并履行后则成为实际费用。

2.0.2 工程造价咨询是工程造价咨询企业接受委托方的委托提供的一种有偿服务。一般要通过工程造价专业人员运用工程造价的专业技能，为建设项目决策、设计、发承包、实施、竣工等各个阶段进行工程计价，或者为委托方提供建设项目的工程造价管理。

2.0.3 工程造价管理的任务是依据国家相关法律法规和建设行政主管部门规定，对工程项目实施以工程造价管理为核心的全面项目管理。工程造价管理应以工程造价的计价与控制为核心，以投资决策和设计阶段为主要工作阶段，以经济、技术、合同、信息和组织措施为主要手段，以事前控制为重点，通过开展投资方案的比选、设计方案的优化、合同管理、投资偏差的控制和投资风险的管理，实现工程造价管理的整体目标。

2.0.4 投资估算的成果文件称作投资估算书，也简称投资估算。投资估算书是项目建议书或可行性研究报告的组成部分。其中的方案设计文件为决策阶段满足项目建议书和可行性研究文件编制深度的方案。

2.0.5 设计概算的成果文件称作设计概算书，也简称设计概算。设计概算书是设计文件的重要组成部分。

2.0.6 限额设计是在投资限额不变的情况下，通过优化设计和设计方案比选，对各种方案的造价进行核算，为设计人员提供有用的信息和合理建议，以达到动态控制投资的目的。限额设计包括两方面内容，一方面是下一阶段设计工作按照上一阶段的投资或造价限额达到设计技术要求，即按照可行性研究报告批准的投资或造价限额进行初步设计，按照批准的初步设计概算进行施工图设计，按照施工图预算对施工图设计中各专业设计文件做出决策的设计工作程序；另一方面是项目局部按设定投资或造价限额达到设计技术要求。

2.0.9 工程量清单是招标文件或合同文件的组成部分，招标工程量清单一般需要载明项目编码、项目名称、项目特征、计量单位和工程数量，它是工程计价、工程款支付和工程结算的重要基础，根据现行国家标准《建设工程工程量清单计价规范》GB 50500的规定，工程量清单由分部分项工程量清单、措施项目清单、其他项目清单、规费清单和税金清单组成。

2.0.12 中止结算是指发承包双方就合同项目中途暂停施工时根据合同及协商达成的一致意见办理的工程结算。

2.0.13 终止结算是指发承包双方就合同终止时根据合同及协商达成的一致意见办理的工程结算。

2.0.14 期中结算又称为中间结算，包括月度、季度、年度结算和形象进度结算。

2.0.15 竣工结算是指工程竣工验收合格，发承包双方应依据合同约定办理的工程结算，是期中结算的汇总。竣工结算包括建设项目竣工结算、单项工程竣工结算和单位工程竣工结算。单项工程竣工结算由单位工程竣工结算组成，建设项目竣工结算由单项工程竣工结算组成。工程结算的成果文件称为工程结算书。

2.0.17 工程造价鉴定也称工程造价司法鉴定，是人民法院、仲裁机关判决、裁定、调节及原、被告双方和解的主要依据。

2.0.18 竣工决算应综合反映竣工项目从筹建开始至项目竣工交付使用为止的全部费用，是正确反映投资效果以及核定新增固定资产价值的文件，是办理固定资产交付使用手续的依据。

2.0.19 工程造价咨询成果文件包括投资估算书、设计概算书、施工图预算书、工程量清单、最高投标限价（即招标控制价）、工程计量与支付、竣工结算审核书、工程造价鉴定意见书等文件。

2.0.21 项目造价风险是指项目实施期间对项目造价构成影响的一系列不确定性因素，如政策性风险因素、市场价格波动风险因素、合同风险因素等。

2.0.25 竣工结算审定签署表是结算审核文件的重要组成部分，是反映发包人、承包人、工程造价咨询企业三方共同确认工程造价的重要书证表现形式。

3　基本规定

3.1　业务范围和一般要求

3.1.1　本条是依据《工程造价咨询企业管理办法》(建设部令149号)、《注册造价工程师管理办法》(建设部令150号)及有关规定总结的咨询业务范围与类别。其中，全过程工程造价管理咨询涵盖从投资估算开始到工程竣工验收的整个工程建设全过程，或者是决策、设计、施工某一阶段、两个阶段或多个阶段。目前大多从事的是施工阶段的全过程造价管理咨询、EPC总承包项目的全过程造价咨询管理、受建设单位委托的设计施工总承包全过程造价控制和受总承包单位委托的设计施工总承包全过程造价控制。施工阶段全过程造价管理咨询包括参与工程合同价的约定，计算工程预付款，审核工程进度款，进行工程变更与索赔等款项的处理，调整合同价款，风险控制，进行竣工结算等工作内容；EPC总承包项目全过程造价咨询管理包括设计方案的技术经济分析，限额设计，招采策划和合同咨询，工程量清单和招标控制价编制，施工阶段的全过程造价管理咨询等工作内容；受建设单位委托的设计施工总承包全过程造价控制包括设计概算编制或审核(包括配合建设单位进行概算评审工作),设计方案造价测算分析，限额设计指标分析，预算价编制或审核(包括配合建设单位完成预算价复核工作)，施工阶段的全过程造价管理咨询等工作内容；受总承包单位委托的设计施工总承包全过程造价控制包括设计概算编制(包括配合总包方完成概算审核工作),项目总预算编制(包括配合总包方完成预算审核工作),合同管理咨询,造价风险分析,施工方案经济分析,编制项目预付款及进度款申请书(包括配合完成送审及核对工作),变更与签证及索赔管理(包括变更测算、签证计算、索赔提出等,编制相关报告并完成送审及核对工作),材料与设备的询价(新增材料的询价,编制认质核价文件并完成送审及核对工作),施工现场造价管理,编制分阶段工程结算(包括配合总包方完成结算审核工作),编制竣工结算(包括配合总包方完成结算审核工作),对总包单位下属单位及分包单位的造价管理(包括分包合同管理咨询,分包工程量清单编制,分包预算审核,配合完成分包项目的招标工作,审核分包单位的工程预付款及进度款,审核分包单位的设计变更及签证与索赔,对分包单位的材料与设备的认质核价提供建议,审核分包单位的分阶段工程结算及竣工结算)等工作内容。

3.1.2 本条旨在明确工程造价咨询企业承接咨询任务的前提条件,一是要依据自身的资质等级,二是要考虑自身以往业绩、时间要求、质量要求、项目风险,以及可能投入到所承接项目的人员能力,以降低合同执行风险。

3.1.3 一般大型或复杂的建设项目,可委托多个企业共同承担工程造价咨询工作,此时委托单位宜指定并明确主要承担企业。主要承担企业应负责具体咨询业务的总体规划、标准的统一、各阶段部署、资料汇总等综合性工作,其他企业负责其所承担的各个单项、单位或分部分项工程或各阶段的咨询业务,以保证工程造价咨询成果完整全面 、时间基准统一、价格取定时点一致。

3.1.4 本条中计价方法是指计算和确定工程造价的方式，如：投资估算时的生产能力指数法和指标估算法。对同一项目、同一阶段改变计价依据和方法，可能会得到有差异的结果，不得因此而否定原有的结论。

3.1.5 建设项目全过程工程造价管理咨询已经不是传统意义上的各阶段工程计价业务的集成，全过程工程造价管理咨询强调的是管理咨询，应该依据国家有关法律、法规和建设行政主管部门的有关规定、标准等，通过对建设项目各阶段工程的计量与计价，实施以工程造价管理为核心的全面项目管理，实现整个建设项目工程造价有效控制与调整，缩小投资偏差，控制投资风险，协助建设单位进行建设投资的合理筹措与投入，确保工程造价的控制目标。

3.1.6 方案比选、优化设计和限额设计贯穿于工程建设的各个阶段，如方案比选既有决策阶段不同设计方案的比选，也有施工阶段不同施工方案的比选；限额设计既有对一定限额的方案设计，也有对初步设计或施工图设计的限额设计。工程造价咨询企业应根据合同要求，利用价值分析等方法，提出合理的决策和设计方案的建议。

3.1.7 工程造价咨询企业在进行方案比选时，对于一般的房屋建筑工程或类似使用功能单一的工程，在建设规模、建设标准、设计使用寿命相同或相近的情况下，可以仅针对其一次性工程造价或单方工程造价进行比较，在进行比选时还可进一步分析各单位工程和主要分部分项工程的技术指标，对优选的方案提出改进建议。对于使用功能多样的工程或生产经营性项目，可利用价值分析、经济评价等方法进行方案比选。进行方案比选时对于不可定量的远期发展、社会问题等方面还要兼顾考虑。

3.1.8 工程造价咨询企业在参与设计优化时，应依据国家或行业的相关技术规范、规程和标准，结合类似工程的造价指标和经验数据，提出优化设计的建议和意见。

3.1.9 保证限额的合理性和准确性的前提条件是建设项目的实施应严格按照基本建设程序进行，限额设计的重点是合理分解投资额度和预留调节金，并且进行投资分析，但其前提是有关技术经济指标应适用、可行。

3.2 组织管理

3.2.1 为了提高工程造价咨询企业的服务水平和成果质量，在建设工程造价咨询服务过程中，工程造价咨询企业应进行有效的项目管控，建立相应的质量管理体系，本条明确了工程造价咨询项目管控的主要内容。

3.2.2 为保证工程造价咨询的成果质量，工程造价咨询企业在项目咨询的策划阶段，应做好工作计划，必要时应编制工程造价咨询项目工作大纲（或实施方案），本条明确了工作大纲（或实施方案）的编制依据及内容。

3.2.3 本条明确了造价咨询项目参加人员的范围及要求。

3.2.4 项目组织在咨询业务中具有重要作用，承担工程造价咨询项目的企业应建立好内部组织管理和外部组织协调体系，以有效实施对所承接工程造价咨询项目的组织管理。内部组织管理体系是针对咨询企业本身的项目管理模式、企业各级组织管理的职责与分工、现场管理和非现场管理的协调方式等，确保内部机制协调运转。外部组织协调体系，应协调好工程建设参与各方的工作关系，确保工程项目参与各方权利与义务，便于厘清项目各自的责任，以促进项目的顺利实施。

3.2.5 工程造价咨询成果文件提交的工期，应首先与项目的总体进度相协调，同时为保证咨询质量，亦应满足编审等时间的要求，因此，对于各类报告的提交时间应按工期的网络计划进行细化。

3.3 质量管理

3.3.1 工程造价咨询企业应结合企业的管理模式、咨询业务的特点建立起质量管理体系，并应通过加强流程控制、企业标准等措施来确保工程造价咨询质量。

3.3.2 本条明确了工程造价咨询各类成果文件出具的编制、审核和审定的三级管理和两级审核制度。工程造价咨询企业可以根据企业自身情况，增加审核级次加强质量管理工作，但不得低于本标准要求。

3.3.3 本条明确了编制人在工程造价咨询工作中的工作内容和责任，即应对委托人提供的资料要进行完整性、有效性和合规性的核对，并可提出质疑。工程计价基础资料的完整性、有效性和合规性是咨询企业编审人员必须面对的，这里应理解为不完整可建议补充，不合规和无效的不应接受或质疑，并要求其提供有效的、合规的资料。另外，编制人要对自身在咨询业务中使用的工程计价基础资料和编制依据等承担责任。

3.3.4 本条明确了咨询业务审核人在工程造价咨询工作中的工作内容和责任。即审核人员应检查委托人提供的书面资料完整性、有效性、合规性，然后审核编制人使用工程计量、计价基础资料和编制依据的全面性、真实性和适用性，并应对具体项目计量与计价的结果需要进行一定比例（一般应在10%以上）的复核，做出复核和修改纪录,并应整理好自身的工作过程文件和相关文件。

3.3.5 本条明确了咨询业务审定人在工程造价咨询工作中的工作内容和责任。即审定人员要检查委托人提供的书面资料完整性、有效性、合规性，要检查编制人及审核人使用工程计价基础资料和编制依据的全面性、真实性和适用性，并依据工程经济指标进行工程造价的合理性分析，对工程造价咨询质量进行整体控制。

3.3.6 本条明确了工程造价咨询企业和承担咨询业务的专业人员签章的具体要求。工程造价咨询企业除应在封面或内封上签署具有企业名称、资质等级、证书编号的执业印章，还应在签署页签章；承担编制、审核和审定任务的造价专业人员应在签署页及汇总表上签字并加盖执业资格专用印章，承担编制、审核和审定任务的造价专业人员还应在其承担咨询业务的相应表上打印署名。

3.4 档案管理

3.4.1 建立完整的档案管理制度是为了加强对档案的管理和收集、整理工作，有效地保护和利用档案，努力开发档案信息资源，便于工程造价咨询成果的质量检查，为工程造价咨询企业提供更及时、有效的服务。

3.4.2 为了规范工程造价咨询企业的档案管理，便于成果质量检查，要求对成果文件及过程文件进行归档。成果文件即提交给委托方的成果报告。过程文件是支撑成果文件的工作底稿，包括相应的电子版文件，不包括设计文件、招标文件等其他可追溯性文件。

3.4.4 本条明确了档案管理的责任人，以及对各类原始资料的交接要求，便于工程咨询企业规范管理，厘清责任，以及必要时的成果质量检查或责任追究等。

3.5 信息管理

3.5.1 工程造价咨询企业信息管理系统的建设应充分利用计算机及网络通信技术，并应从工程造价数据库、工程计量与计价工具软件及全过程工程造价管理系统建设三个方面，全面提高企业信息化水平。

3.5.2 本条主要说明了目前工程造价信息主要来源于工程造价管理机构、协会或建筑市场的工程造价信息及各类工程造价数据库。其中，工程造价数据库一般包括：

1 工程造价相关法律、法规及规范性文件为内容的政策法规数据库；

2 相应工程造价管理机构等发布的定额和企业自行积累的企业定额等为内容的工程定额数据库；

3 工程造价管理机构发布的造价信息和自行调研掌握的人工、材料、机械、设备等价格信息为内容的人工、材料、机械、设备价格数据库；

4　各类典型工程数据库；

5　其他与工程造价有关内容的资料数据库。

3.5.3　各阶段工程造价管理软件包括基础数据管理软件，投资估算、设计概算、施工图预算、工程量清单、招标控制价、工程结算等编制与审核的计量、计价软件；招投标管理软件，全过程工程造价控制软件，以及工程计价信息获取和处理软件等。工程造价咨询企业应遵循下列原则有效地应用工程项目全过程造价控制软件：

1　为保证项目信息沟通渠道畅通，应充分利用科学和规范的材料分类编码体系；

2　为保证工程造价软件之间数据交换，应采用标准数据接口；

3　在建设项目决策、设计、招投标、实施、竣工各阶段应采用先进的网络信息化技术，进行全过程造价数据的集中管理和工程造价软件的充分利用。

3.5.4　为了做好项目界面管理和风险控制，工程造价咨询企业承担全过程工程造价管理咨询业务时，信息管理应贯穿建设工程项目的全过程，包括投资估算、设计概算、施工图预算、合同价的确定、工程计量与支付及竣工结算等。

4 决策阶段

4.1 一般规定

4.1.2 投资估算其项目设置、主要工程量可参照行业或地方工程造价管理机构发布的投资估算指标，但其要素价格应反映当期的市场价格，投资估算应包括建设项目建设前期和建设期的全部投资。相应工程造价管理机构是指工程所在地工程造价管理部门，或工程所属行业的工程造价管理部门。

4.1.3 本条规定了投资估算审核的内容及要求。

4.2 投资估算编制

4.2.1 工程造价咨询企业应针对委托方的要求承担投资估算编制的全部或部分工作。

4.2.2 本条规定了项目建议书阶段和可行性研究阶段投资估算采用的估算方法。

1 指标估算法。指标估算法，是把拟建建设项目以单项工程或单位工程，按建设内容纵向划分为各个主要生产设施、辅助及公用设施、行政及福利设施、各项其他基本建设费用，按费用性质横向划分为建筑工程、设备购置、安装工程等，根据各种具体的投资估算指标，进行各单位工程或单项工程投资的估算，在此基础上汇成拟建建设项目的各个单项工程费用和拟建建设项目的工程费用投资估算。再按相关规定估算工程建设其他费用、预备费、建设期利息等，最后形成拟建建设项目总投资。

2 生产能力指数法。生产能力指数法是根据已建成的类似建设项目生产能力和投资额，进行粗略估算拟建建设项目相关投资额的方法。本办法主要适用于设计深度不足，拟建建设项目与类似建设项目的规模不同，设计定型并系列化，行业内相关指数和系数等基础资料完备的情况。

3 系数估算法。系数估算法是根据已知的拟建建设项目主体工程费或主要生产工艺设备费为基数，以其他辅助或配套工程费占主体工程费或主要生产工艺设备费的百分比为系数，进行估算拟建建设项目相关投资额的方法。本办法主要应用于设计深度不足，拟建建设项目与类似建设项目的主体工程费或主要生产工艺设备投资比重较大，行业内相关系数等基础资料完备的情况。

4 比例估算法。比例估算法是根据已知的同类建设项目主要生产工艺设备投资占整个建设项目的投资比例，先逐项估算出拟建建设项目主要生产工艺设备投资，再按比例进行估算拟建建设项目相关投资额的方法。同样本办法主要应用于设计深度不足，拟建建设项目与类似建设项目的主体工程费或主要生产工艺设备投资比重较大，行业内相关系数等基础资料完备的情况。

5 混合法。混合法是根据主体专业设计的阶段和深度，投资估算编制者所掌握的国家及地区、行业或部门相关投资估算基础资料和数据（包括造价咨询机构自身统计和积累的可靠的相关造价基础资料），对一个拟建建设项目采用生产能力指数法与比例估算法或系数估算法与比例估算法混合进行估算其相关投资额的方法。

在编制建设项目投资估算时，上述方法可根据项目具体情况，选用一个或几种方法组合使用。

建设项目投资估算无论采用上述何种办法，其投资估算费用内容的分解均应符合本标准第 4.2.3 条的要求。

建设项目投资估算无论采用上述何种办法，应将所采用的估算系数和估算指标价格和费用水平调整到项目建设所在地及投资估算编制年的实际水平。对于建设项目的边界条件，如建设用地费、外部交通、水、电、通信条件，或市政基础设施配套条件等差异所产生的与主要生产内容投资无必然关联的费用，应结合建设项目的实际情况予以修正。

4.2.3 本规定中建设项目总投资考虑了建设投资、建设期利息和流动资金。建设投资是指用于建设项目的工程费用、工程建设其他费用及预备费用之和，其中的工程费用、工程建设其他费用和预备费中的基本预备费构成静态投资。工程费用包括建筑工程费、设备及工器具购置费、安装工程费。预备费包括基本预备费和价差预备费。建设期利息包括支付金融机构的贷款利息和为筹集资金而发生的融资费用。非生产经营性项目可不计算流动资金。上述费用构成及其定义可参考现行国家标准《工程造价术语标准》GB/T 50875。

4.2.4 工程造价咨询企业在进行投资估算编制时，除确定建设项目总投资及其构成外，还应对主要技术经济指标进行分析。

4.2.5 投资估算的编制依据是保证估算编制精度的基础材料，包括政府部门发布的有关法律、法规；也包括工程造价管理机构等发布的适应投资估算的有关规定、投资估算指标、价格信息；也包括与投资估算中有关参数、费率、价格确定相关的文件及资料。

工程勘察与设计文件中包括了图示计量或有关专业提供的主要工程量和主要设备清单,以及与建设项目相关的工程地质资料、设计文件、图纸等。

各类合同或协议是指委托方已签订的设备、材料订货合同、咨询合同以及与工程建设其他费用相关的合同等。投资估算编制时，如有合同或协议明确的费用，应首先考虑以合同或协议的金额列入估算中。

4.2.6 编制投资估算应遵循下列工作程序：

1 收集并熟悉工程项目有关资料、数据及估算指标等；本条包括了因工作需要，需组织现场踏勘，收集的踏勘记录等。

4.2.7 单独成册的投资估算的成果文件主要由封面、签署页、编制说明、投资估算分析、总投资估算表、单项工程估算表等内容组成。对于与项目建议书或可行性研究一起装订的成果文件，可不单设封面、目录和签署页，一般在完成总投资估算表、单项工程估算表编制后，编写编制说明，进行投资估算分析，并将主要技术经济指标表现在相应表格中。

4.2.8 本条规定了投资估算编制说明一般阐述内容，其中特殊问题的说明包括：采用新技术、新材料、新设备、新工艺时价格的确定方法；进口材料、设备、技术费用的构成与计算参数；采用特殊结构的费用估算方法；环保投资占总投资的比重；未包括项目或费用的必要说明等。采用限额设计的工程还应对投资限额和投资分解做进一步说明。采用方案必选的工程还应对方案必选的估算和经济指标做进一步说明。

4.2.9 投资分析可单独成篇，亦可列入编制说明中叙述。其中工程投资比例分析，一般建筑工程需分析土建、电气、建筑智能、给排水、暖通、空调等主体工程和道路、广场、绿化等室外附属工程占总投资的比例；一般工业项目需分析主要生产项目、辅助生产项目、公用工程项目、服务性工程、生活福利设施、厂外工程等占总投资的比例。

4.2.11 在合理的设计条件下，可行性研究投资估算深度上应满足项目的可行性研究与评估，并最终满足国家和地方相关部门批复和备案的要求。在进行可行性研究阶段的单项工程投资估算时，对于投资有重大影响的主体工程应估算分部分项工程量，可参考相关概算指标、定额等编制主要单项工程的投资估算；对于子项单一的大型民用公共建筑，主要单项工程估算应细化到单位工程。预可行性研究阶段、方案设计阶段项目建设投资估算依据设计深度，宜参照可行性研究阶段的编制方法进行。

4.2.13 建筑工程费的估算，建筑物可以建筑面积或建筑体积为单位，套用规模相当、结构形式和建筑标准相适应的投资估算指标或类似工程造价资料进行估算；构筑物可以延长米、平方米、立方米为单位；大型土方、总平面竖向布置、道路及场地铺砌、厂区综合管网和线路、围墙大门等，可分别以立方米、平方米、延长米为单位；矿山井巷开拓、露天剥离工程、坝体堆砌等，可分别以立方米、延长米为单位；公路、铁路、桥梁、隧道、涵洞设施等，可分别以公里、平方米桥面、平方米断面为单位，套用技术标准、结构形式相适应投资估算指标或类似工程造价资料进行估算。投资估算指标应包括人工费、材料费、施工机械费等直接费，以及管理费、利润、规费和税金等间接费。套用的投资估算指标应考虑指标编制期与报告编制期的人材机（人工、材料、施工机械的简称）要素价格等变化情况进行调整。

工业建设项目一般宜将与建筑物配套的给排水、采暖、通风空调、电气工程纳入建筑工程费。对于民用建筑工程，亦可将建筑安装工程费用中的给排水、采暖、通风空调、电气工程等纳入设备及安装工程费用单独计列。

4.2.14 国产标准设备原价估算。国产标准设备在计算时，一般采用带有备品备件的原价。占投资比重较大的主体工艺设备出厂价的估算，应在掌握该设备的产能、规格、型号、材质、设备重量的条件下，以向设备制造厂家和设备供应商询价，或类似工程选用设备订货合同价和市场调研价为基础进行估算。其他小型通用设备出厂价估算，可以根据行业和地方相关部门发布的价格信息进行估算。

国产非标准设备原价估算。非标准工艺设备费估算应在掌握该设备的产能、材质、设备重量、加工制造复杂程度的条件下，以向设备制造厂家、设备供应商或施工安装单位询价，或按类似工程选用设备订货合同价和市场调研价的基础上按类似技术经济指标进行估算。非标准设备估计应考虑完成非标准设备设计、制造、包装、利润、税金等全部费用。

进口设备（材料）原价估算。本条所指的进口设备是指直接从国外采购的设备，一般是在向设备制造厂家和设备供应厂商询价，或按类似工程选用设备订货合同价和市场调研得出的进口设备价的基础上，加各种税费在内的全部费用。

进口设备的原价可分为离岸价（FOB）和到岸价（CIF）两种情况分别计算：

采用离岸价（FOB）为基数计算时，

进口设备原价 = 离岸价（FOB）× 综合费率

综合费率应包括：国际运费及运输保险费、银行财务费、外贸手续费（如通过外贸公司代理）、关税和增值税等税费。

采用到岸价（CIF）为基数计算时，

进口设备原价 = 到岸价（CIF）× 综合费率

综合费率应包括：银行财务费、外贸手续费、关税和增值税等税费。

综合费率的确定应根据进口设备（材料）的品种、运输交货方式、设备（材料）询价所包括的内容、进口批量的大小等，按照国家相关部门的规定和参照设备进口环节涉及的中介机构习惯做法确定。

设备运杂费估算（包括进口设备国内运杂费）。一般根据建设项目所在区域，根据行业或地方相关部门制定的规定，以设备出厂价格或进口设备原价的百分比估算。

以上设备出厂价格加上设备运杂费构成设备购置费。

备品备件费估算一般应根据设计所选用的设备特点，按设备费百分比估算，并计入设备费。

工具、器具及生产家具购置费的估算应以设备费为基数，依据同类项目工具、器具及生产家具占设备费的比例进行计算，并列入设备购置费。

4.2.15 工艺设备安装费估算。以单项工程为单元，根据的专业特点和各种具体的投资估算指标，采用按设备百分比进行估算，或根据设备总重，采用元/吨的指标进行估算。

工艺金属结构和工艺管道估算。以单项工程为单元，根据设计选用的材质、规格，以吨为单位，套用技术标准、材质和规格、施工方法相适应的投资估算指标或类似工程造价资料进行估算。

工业炉窑砌筑和工艺保温或绝热估算。以单项工程为单元，根据设计选用的材质、规格，以吨、立方米或平方米为单位，套用技术标准、材质和规格、施工方法相适应的投资估算指标或类似工程造价资料进行估算。

变配电安装工程估算。以单项工程为单元，根据该专业设计的具体内容，一般先按材料费占变配电设备费百分比投资估算指标计算出安装材料费，再分别根据相适应的占设备百分比或占材料百分比的投资估算指标或类似工程造价资料计算安装工程费。

自控仪表安装工程估算。以单项工程为单元，根据该专业设计的具体内容，一般先按材料费占自控仪表设备费百分比投资估算指标计算出安装材料费，再分别根据相适应的占设备百分比或占材料百分比的投资估算指标或类似工程造价资料计算安装工程费。

4.2.16 本条中工程建设其他费用包括的内容，是按施工发包形式的一般情况列出，各行业部门或地方政府有关部门需增列的其他项目，按其要求计列。当采用项目管理总承包或工程总承包等其他项目管理或发包方式时，应根据项目特点进行计列。

工程建设其他费用中的建设管理费包括建设单位管理人员工资及有关费用、办公费、差旅交通费、劳动保护费、工具用具使用费、固定资产使用费、办公及生活用品购置费、通信设备及交通工具购置费、零星固定资产购置费、技术图书资料费、业务招待费、设计审核费、工程招标费、合同契约公证费、法律顾问费、咨询费、工程监理费、工程质量监督费、完工清理费、竣工验收费、印花税和其他管理性开支。

4.2.18 基本预备费率的大小，应根据建设项目的设计阶段和具体的设计深度以及在估算中所采用的各项估算指标与设计内容的贴近度、项目所属行业主管部门的具体规定确定。

4.2.19 在投资估算阶段，还要经过一定的设计和工程发承包过程，时间一般较长，其建设前期涨价因素的影响是很大的，因此，价差预备费估算时，一般应考虑建设前期的价格变动及汇率变动等因素影响。

价差预备费的估算可参考下列公式：

$$P=\sum_{t=1}^{n} I_t[(1+f)^m(1+f)^{0.5}(1+f)^{t-1}-1] \quad (1)$$

式中 P——价差预备费，元；

n——建设期，年；

I_t——估算静态投资额中第 t 年投入的静态投资（元），静态投资包括工程费用、工程建设其他费用和基本预备费；

f——年涨价率，%；

m——建设前期年限（从编制估算到开工建设），年；

t——年度数。

特别需要说明的是，价差预备费的计算基数 I_t。这里明确的是第 t 年投入的静态投资，即包括工程费用、工程建设其他费用和基本预备费，但是在工程建设其他费用中土地购置费等已经签订固定价格合同的应扣除，不应作为价差预备费的计算基数。

4.2.20 建设期利息的估算，应根据建设期资金用款计划，按当期银行贷款利息分期计算，并考虑融资性费用，如利用国外贷款的利息计算中，年利率应综合考虑贷款协议中向贷款方加收的手续费、管理费、承诺费；以及国内代理机构向贷款方收取的转贷费、担保费和管理费等。

建设期利息有借款合同约定的按合同约定的计息方式计算，合同没有约定的，按下列公式计算：

$$Q=\sum_{j=1}^{n}\left(P_{j-1}+\frac{1}{2}A_j\right)i \tag{2}$$

式中 Q——建设期利息；

P_{j-1}——建设期第（$j-1$）年末贷款本金与利息之和；

A_j——建设期第 j 年贷款金额；

i——年利率；

n——建设期年份数。

4.2.21 本条规定了项目建议书阶段和可行性研究阶段流动资金估算采用的方法。

1 分项详细估算法是根据周转额与周转速度之间的关系，对构成流动资金的各项流动资产和流动负债分别进行估算。

2 扩大指标估算法是根据销售收入、经营成本、总成本费用等与流动资金的关系和比例来估算流动资金。

4.2.22 生产经营性项目一般情况下，铺底流动资金按流动资金总额的30%计算，建设投资与建设期利息和铺底流动资金构成项目总资金。

4.3 投资估算审核

4.3.1 工程造价咨询企业应针对委托方的要求承担投资估算审核的全部或部分工作，也可接受委托进行主要分部分项工程投资估算的审核。

4.3.2 投资估算的审核依据是保证估算精度的基础材料，包括政府部门发布的有关法律、法规；也包括工程造价管理机构等发布的适应投资估算的有关规定、投资估算指标、价格信息；也包括与投资估算中有关参数、费率、价格确定相关的文件及资料。

工程勘察与设计文件中包括了图示计量或有关专业提供的主要工程量和主要设备清单,以及与建设项目相关的工程地质资料、设计文件、图纸等。

各类合同或协议是指委托方已签订的设备、材料定货合同、咨询合同以及与工程建设其他费用相关的合同等。投资估算审核时，如有合同或协议明确的费用，应首先考虑以合同或协议的金额列入估算中。

4.4 经济评价

4.4.1 工程造价咨询企业的建设项目经济评价的主要工作侧重

点是财务评价。一般项目仅要求进行财务评价，部分重特大项目有时还要求进行国民经济评价。财务评价主要内容包括财务评价基础数据与参数选取、销售收入与成本费用估算、财务评价报表编制、盈利能力分析、偿债能力分析、不确定性分析、财务评价结论。国民经济评价主要内容包括影子价格及评价参数选取、效益费用范围与数值调整、国民经济评价报表编制、国民经济评价结论，国民经济评价可参照国家有关规定进行编制，本标准在工作程序，报表编制方面不做要求。

4.4.3 盈利能力分析主要考察项目的盈利水平。为此目的，首先需编制全部投资现金流量表、自有资金现金流量表和损益表三个基本财务报表。在此基础上，通过这三个基本财务报表中的有关数据计算财务内部收益率、财务净现值、投资回收期、投资收益率等指标来分析确定建设项目的盈利水平。

4.4.4 清偿能力分析主要考察项目的偿债水平。为此目的，首先需编制资金来源与运用表和资产负债表等基本财务报表，在此基础上，通过计算借款偿还期、资产负债率、流动比率、速动比率等指标来分析确定建设项目的偿债水平。

4.4.5 不确定性分析是指在信息不足，无法用概率描述因素变动规律的情况下，估计可变因素变动对项目可行性的影响程度及项目承受风险能力的一种分析方法。建设项目的不确定性分析通过盈亏平衡分析、敏感性分析等方法来确定。

4.4.6 风险分析是指由于不确定性的存在导致项目实施后偏离预期财务和经济效益目标的可能性。借助风险分析可以得知不确定性因素发生的可能性以及给项目带来经济损失的程度。不确定性分析找出的敏感因素又可以作为风险因素识别和风险估计的依据。风险分析可采用专家调查法、层次分析法、概率树法等进行定性与定量分析。

4.4.7 财务评价的最终目的是形成项目是否可行的结论，该结论应依据本标准第 4.4.3 条 ~ 第 4.4.6 条形成的分析意见和评价指标综合做出。

5 设计阶段

5.1 一般规定

5.1.2 按照工程造价管理的有关要求，建设项目投资估算是投资的最高限额，设计概算不得超过投资估算、施工图预算不得超过设计概算。如遇有超出情况，应编制相应调整文件，同时做出相应的原因分析报告，并报原审批部门审核。工程造价咨询企业应提出建议和意见，并按委托方的要求编制调整文件。

5.1.3 本条规定了设计概算、施工图预算应以当地或行业发布的定额（或指标）为主要依据；生产要素价格应反映当期、当地的市场价格水平。

5.1.5 本条规定了设计概算和施工图预算审核的方法及审核的内容。

1 全面审核法又叫逐项审核法，就是按定额顺序或施工的先后顺序，逐一的全部进行审核的方法，其具体计算方法和审核过程与编制概算或施工图预算基本相同。此方法的优点是全面、细致，经审核的设计概算或工程预算差错比较少，质量比较高，缺点是工作量大，是可靠和广泛适用的概预算审查方法。

2 标准审核法，对于利用标准图纸或通用图纸施工的工程，先集中力量，编制标准概算或预算，以此为标准审核概算或预算的方法。按标准图纸设计或通用图纸施工的工程一般上部结构和做法相同，可集中力量编制或审核一份概算或预算，作为这种标准图纸的标准概算或预算，或以这种标准图纸的工程量为标准，对照审核，对局部不同部分作单独审核即可。

3 分组计算审核法，是一种加快审核工程量速度的方法，把概算或预算中的项目划分为若干组，并把相邻且有一定内在联系的项目编为一组，审核或计算同一组中某个分项工程量，利用工程量间具有相同或相似计算基础的关系，判断同组中其他几个分项工程量计算的准确程度的方法。

4 对比审核法，是用已建成工程或虽未建成但已审核修正的概算或预算对比审核拟建的类似工程概算或预算的一种方法。

5 重点抽查法，是抓住工程概算或预算中的重点项目进行审核的方法。审核的重点一般是工程量大或造价较高、工程结构复杂的工程。

5.1.6 工程造价咨询企业在进行设计方案经济分析时，对于一般的房屋建筑工程或类似使用功能单一的工程，在建设规模、建设标准、设计使用寿命相同或相近的情况下，可直接将各方案的功能系数设为一致，仅针对工程的总造价或单方造价进行比较。

5.1.7 限额设计目标应为委托方在设计任务委托书中明确的造价或工程量指标。若无明确的造价指标，方案阶段到初步设计阶段的限额设计投资目标可参照经批复的可研报告中的相应投资估算，初设阶段到施工图阶段的限额设计投资目标可参照经评审的初步设计概算。

建设规模的限额目标应与委托方充分沟通，平衡并协调委托方对建设项目各项功能的需求，在满足投资目标不被突破的前提下，最大限度满足建设规模的合理配置。

5.2 设计概算编制

5.2.1 工程造价咨询企业应依据咨询合同的要求承担设计概算编制的全部或部分工作，即整个项目的设计概算、单项工程设计概算、单位工程设计概算的编制，也可编制相应的调整概算。

5.2.2 建设项目总投资与投资估算的口径是一致的，对于生产经营性项目需计算建设项目总资金时，建设项目总资金应由建设投资、建设期利息及铺底流动资金组成。

5.2.3 本条列出了设计概算编制的主要依据，包括政府部门发布的有关法律、法规；也包括有关工程造价管理机构发布的有关规定、定额（或指标）、价格信息；与设计概算编制密切相关的参数、费率、率值及价格确定相关的文件及资料等。

合同、协议是指委托方已签订的设备、材料定货合同、与工程建设其他费用相关的合同等。设计概算编制时，如有合同或协议明确的费用，应首先考虑以合同或协议的金额列入概算中。

以上法规、计价依据、合同、文件及资料等，是合理确定设计概算的必要且充分条件，造价咨询企业应尽可能全面收集，并认真消化理解，以保证概算编制的合理与准确。

5.2.4 编制设计概算（定额法）应遵循下列工作程序：

1 收集及熟悉工程项目有关资料、数据及政策文件等；本条包括了因工作需要，需组织现场踏勘，收集的踏勘记录等。

5.2.5 本条规定了设计概算文件的组成内容。当建设项目只有一个单项工程时，可以省略“单项工程综合概算表”。

5.2.6 建设项目设计概算的编制有两种形式，即三级概算编制和二级概算编制。当建设项目有多个单项工程时，应采用三级概算编制方式，三级概算编制方式由建设项目设计总概算、综合概算、单位工程概算组成。当建设项目只有一个单项工程时，应采用二级概算编制形式，二级概算编制形式由建设项目总概算和单位工程概算组成。

5.2.7 设计概算是采用逐级汇总编制而成的。即首先以单位工程为编制单元，分别编制建筑工程单位工程概算和设备及安装工程单位工程概算，然后以单项工程逐项汇总成一个综合概算，最后以单项工程汇总成建设项目总概算。

5.2.8 总概算表是确定概算总投资的最终表格，本条进一步明确了设计概算的费用组成，并明确了总概算表的横向与纵向的费用分解及表现形式。

总概算表纵向应依据综合概算已经计算好的单项工程费逐项计列形成工程费用，然后在总概算表中汇总工程建设其他费用，最后以工程费用和工程建设其他费用为基数计算预备费、建设期利息等。对于生产经营性项目还应计算流动资金和铺底流动资金，铺底流动资金应按国家或行业的有关规定进行估算，一般为流动资金总额的30%。

总概算表横向共四列分别是建筑工程费、设备购置费、安装工程费和其他费用。

5.2.9 综合概算表纵向应以单项工程为对象进行列项，并计算其主要单位工程费，横向按建筑工程费、设备购置费及安装工程费三项进行列项。

5.2.10 本条明确了建筑工程单位工程概算的组成，在费用构成上，建筑工程费由分部分项工程费、措施项目费、规费和税金组成。这与工程量清单计价的费用组成一致，工程量清单计价的其他项目费应在预备费等项目中考虑。

5.2.11 建筑工程的分部分项工程费是各子目的工程量乘以各子目的综合单价累积而成的。其各子目的工程量应按定额或指标的分部分项工程项目划分及其工程量计算规则计算。各子目的综合单价是包括人工费、材料费、施工机械费、管理费、利润的单价。

5.2.12 各子目综合单价的确定可采用定额法和指标法。

1 定额法。采用定额法时，其人工费、材料费、施工机械费应根据相应的定额子目的人材机要素消耗量，以及报告编制期人、材、机的市场价格等因素确定，形成直接费。然后依据该子目的特点，并依据或参照定额配套的费用定额或取费标准计算管理费、利润等，其计算基数可以是直接费或人工费，也可以是人工费加施工机械费，计算管理费、利润应充分考虑报告编制期拟建项目的实际情况、建筑市场利润水平等因素。

2 指标法。采用指标法时应结合拟建工程项目特点，参照类似工程的分部分项工程（一般是扩大或综合的分部分项工程）指标，并应考虑指标编制期与报告编制期的人、材、机要素价格等变化情况确定该分部分项工程子目的综合单价。

采用定额法编制单位工程概算时，一般应依据编制时使用的定额等，编制综合单价分析表，综合单价分析表主要是为了显示人、材、机的消耗量和其单价，以及各类费用的计取基数，便于概算的调整与审核。

5.2.13 建筑工程的措施项目费是指非工程实体之外的项目，一般与工程实体相关的，如模板等摊销性消耗，可以纳入分部分项工程项目中，也可以纳入措施项目，但一个报告应一致。措施项目费，包括可以计量和综合取定的两类。应分别计算：

1 可以计量的措施项目费与分部分项工程费的计算方法相同，即依据各项目的相应的工程量计算规则计算工程量，然后确定其综合单价，最后汇总计算。

2 综合计取的措施项目费应根据定额中的相关规定计算。

5.2.14 在概算编制阶段，一般设备费与安装工程费一同编制，因此，设备及安装工程单位工程费用由设备费、安装工程费组成。

1 设备购置费的确定。根据现行国家标准《建设工程计价设备材料划分标准》GB/T 50531 的规定装置性的主要材料，如电动阀门，光纤光缆等，应计入设备购置费。设备购置费以及未纳入安装工程费的主要材料费，有订货合同的，应按订货合同确定，合同中是出厂价的，应计算设备运杂费，计算至抵达建设项目工地的入库价；无订货合同的应按类似工程的工程量，结合设备市场价格的实际情况，区分国产标准设备、国产非标设备和进口设备分类计算。在计算设备费时应同时考虑设备运杂费和备品备件费。

2 安装工程费与本标准中第 5.2.11 条建筑工程费的组成一致，即由分部分项工程费、措施项目费、规费和税金组成，计算和确定的方法也基本一致。

5.2.16 本条所述的主要经济指标是指设计概算表中技术经济指标，应分别在总概算表和综合概算表中列明，一般总概算表主要反映费用构成，综合概算表反映单位工程造价指标。

5.3 设计概算审核

5.3.1 工程造价咨询企业应依据咨询合同的要求承担设计概算审核的全部或部分工作，即整个项目的设计概算、单项工程设计概算、单位工程设计概算的审核，也可审核相应的调整概算。

5.4 施工图预算编制

5.4.1 施工图预算一般只针对建筑或安装两大类按单位工程编制施工图预算。但也可按照委托合同的要求，参照估算和概算的编制方法，汇总编制施工图综合预算和总预算。其编制所采用的表格形式、项目内容及各项费用组成，可按照综合概算和总概算的编制方法进行汇总编制。

5.4.4 本条规定了单位工程施工图预算成果文件的组成内容。

5.4.5 本条规定了单位工程施工图预算编制说明一般应阐述内容。其中其他有关说明主要应包括特殊价格的确定、补充定额的采用及未包括项目或费用的必要说明等。

5.4.6 本条对单位工程施工图预算汇总表的结构和内容作了交代和说明。

5.4.7 本条对单位工程施工图预算表的作用、结构和内容作了交代和说明。要求单位工程施工图预算纵向应按照定额的定额子目划分，细分到定额子目层级。建筑工程施工图预算表横向可分解为序号、定额编号、工程项目（或定额名称）、单位、数量、综合单价、合价等项目；安装工程施工图预算表横向可分解为序号、定额编号、工程项目（或定额名称）、单位、数量、综合单价、合价、其中主材费等项目。

5.4.9 本条规定了建筑工程预算的分部分项工程费工程量的确定原则，以及综合单价的组成，即综合单价应包括人工费、材料费、机械费、管理费和利润。

5.4.10 本条明确了综合单价的组价原则，具体组价方式可参照附录 E 规定的综合单价分析表。

5.4.11 建筑工程预算的措施项目费中可以计量的措施项目费应参照分部分项工程费的计算方法计算，综合计取的措施项目费应根据定额或计价定额中的相关规定计算。

5.4.12 安装工程预算的安装工程费由分部分项工程费、措施项目费、其他项目费、规费和税金组成和计算方法与建筑工程预算的计算方法基本一致。

5.4.13 本条是对补充单位估价表的规定，在预算编制阶段一般不再使用指标法，其定额没有的子目应编制补充的单位估价表，以便进行人、材、机分析，及编制综合单价分析表。

5.5 施工图预算审核

5.5.1 工程造价咨询企业应依据咨询合同的要求承担施工图预算审核的全部或部分工作，即整个项目的施工图预算、单项工程施工图预算、单位工程施工图预算的审核，也可审核相应的调整预算。

5.6　设计方案经济分析

5.6.1　工程造价咨询企业应针对委托方的要求承担设计方案经济分析的全部或部分工作，即整个项目的总体设计方案经济分析和专项设计方案经济分析。总体设计方案经济分析一般适用于方案的初选阶段，专项设计方案经济分析一般适用于方案的初设阶段。

5.6.3　由工程造价咨询企业组织设计及技术专业人员确定设计方案的各项功能，对其赋予权重并打分；工程造价专业人员完成方案的费用测算，并运用价值工程选取优选方案。

5.6.5　设计方案费用的测算深度为估算深度或概算深度；总体设计方案经济分析的造价测算可以采用编制估算的方法，专项设计方案经济分析的造价测算可采用编制概算的方法；总体方案经济分析时成本系数可采用单方造价计算，专项方案经济分析时成本系数可采用总造价计算。

5.6.8　设定各项功能时为满足委托方的特殊要求，也可以选择委托方的工作人员作为专家组成员；专家组成员对各功能权重打分可根据实际情况采用十分制或百分制。

5.6.9　各方案的功能权重之和、功能系数之和、成本系数之和均为1。设计方案的各功能得分为所有专家打分的加权平均数,设计方案的各功能评价值为各功能的加权得分与相应权重的乘积。

5.7 限额设计造价咨询

5.7.1 限额设计造价咨询是指承接工程造价咨询业务的工程造价咨询企业接收委托，运用工程造价的专业技能，与设计人员相互配合来实现限额设计目标的活动。

5.7.2 设计人员负责设计及调整优化工作，工程造价专业人员负责对设计及调整优化进行造价分析及测算工作，工程造价专业人员与设计人员需在限额设计过程中反复配合，调整优化设计，最终实现限额设计目标。

5.7.3 本条列出了限额设计造价咨询的主要依据，包括政府部门发布的有关法律、法规；也包括有关工程造价管理机构发布的有关规定、定额（或指标）、价格信息；与限额设计造价咨询密切相关的参数、费率、率值及价格确定相关的文件及资料等。

以上法规、计价依据、文件及资料等，是合理确定限额设计投资目标的必要且充分条件，工程造价专业人员应尽可能全面收集，认真消化了解，并充分了解委托方的需求，以保证限额设计投资及建设规模目标的合理与准确。

5.7.4 本条规定了限额设计目标在不同设计阶段纵向目标分解的表现形式。初步设计阶段应分解到单位工程，如土建工程、装饰工程、给排水工程等。对于建设项目中造价影响较大的专项工程，如幕墙工程、钢结构工程、屋面工程等，也可单独列出。施工图设计阶段设计内容较为详细，投资目标应进一步分解到分部工程，如土石方工程、钢筋混凝土工程、防水工程、保温工程等。

5.7.5 关键控制点是指在限额设计过程中，工程造价专业人员与设计人员共同认定对委托项目造价影响较大，需重点关注并动态监控的单位工程或分部工程。

本条规定了限额设计造价咨询业务中关键控制点选取应符合下列原则：

1 造价占比较大的项目，如钢结构工程、幕墙工程、屋面系统工程、重要的设备、系统等；

2 设计变化对造价影响较大的项目，如装饰材料的变化，设备选用型号、规格的变化等；

3 市场价格波动较大的项目，如钢筋、铜等。

5.7.6 本条规定了设计文件造价测算分解及编制应满足下列深度：

设计文件造价测算分解深度应与限额设计指标书一致，可参照设计文件造价测算报告的对比分析表，对设计文件造价测算结果与限额设计指标进行对比分析，分析是否满足限额设计目标，各项内容差异是否过大及存在的差异是否合理等，并根据分析结果及时与设计人员沟通考虑是否调整设计，直至满足限额设计目标。

初步设计阶段设计文件造价测算编制深度应达到初步设计概算深度，施工图设计阶段设计文件造价测算编制深度应达到施工图预算深度。

5.7.7 本条列出了限额设计造价咨询应遵循下列主要流程进行：

1 工程造价专业人员在接到限额设计任务委托后，应首先与委托方沟通,充分了解委托任务的要求,如建设投资目标、建设规模、建设标准或其他需求,为合理确定限额设计目标奠定基础。

2 工程造价专业人员在充分了解委托方需求后,对限额目标的合理性及限额设计实现的可能性进行分析,如限额目标合理且可实现,则可进行下一步咨询业务;如限额目标不合理或不可实现,应主动与委托方沟通,是否可调整限额目标,如可调整,则对调整后的限额目标进行合理性及实现的可能性进行再次分析;如不可调整,则应与委托方沟通结束委托任务,并提出任务的不合理性或不可能实现的原因分析。

3 工程造价专业人员应配合设计人员进行方案预设计,对投资目标及建设规模进行合理分析和分解,各专业设计及工程造价专业人员均应充分沟通,以保证限额设计总目标及分项目标的合理且可实现。

4 限额设计指标书应确定限额设计的总体和分项投资及建设规模目标,并应经委托方、设计人员、工程造价专业人员共同确认。

5 关键控制点应为工程造价专业人员与设计人员共同确认,在限额设计过程中应重点监控与测算,并控制在限额目标内。

6 在设计文件全面造价测算过程中,如遇超出限额情况,工程造价专业人员应配合设计人员调整设计方案,直至满足限额设计目标。

5.8 设计优化造价咨询

5.8.1 本条规定了设计优化造价咨询依据的内容。

5.8.2 本条规定了设计优化造价咨询服务应包括的工作内容。

5.8.3 本条规定了设计优化造价咨询应包括的成果文件。

成果文件格式可按本标准附录J编制。

其中的主要工程量、造价包括造价所占权重较大的分部分项工程(钢筋混凝土分部等)、主要材料品牌及价格(装饰装修材料、电缆、设备选型等),具体的可在委托合同中进行细化、约定。

6 发承包阶段

6.2 合约规划、招标/采购策划与合同管理

6.2.1 本条规定了合约规划的具体工作。合约规划是项目目标成本确定后，对项目将要发生的所有合同类型、金额进行预估，为实施阶段的成本控制奠定基础。合约规划也可以理解为以预估合同的方式对目标成本进行分级，将目标成本的金额分解到具体的合同。同时，也是制定项目招投标计划的基础，根据合约规划编制年度或月度招投标计划，并根据合约规划分解的目标成本，控制合同价。

6.2.2 根据《建设工程项目管理试行办法》(建市〔2004〕200号)规定，具有造价咨询资质的企业可从事项目管理业务，招标/采购策划是项目管理中的一项业务。

6.2.4 本条提出了招标/采购文件和合同范本选用的基本要求，招标/采购文件和合同条款一般应采用行政主管部门制定的示范范本，合同通用条款部分不应改动，合同专用条款部分可根据具体情况拟定。行政主管部门未制定文件范本的，可在同类工程文件基础上修改、编制。

6.3 造价风险分析

6.3.3 造价风险分析是通过分析项目造价潜在风险，并向委托人提供对应的风险管控措施建议。在项目进展过程中应收集和分

析与风险相关的各种信息，预测可能发生的风险，对其进行监控并提出预警。

建设工程发承包，必须在招标/采购文件、合同中明确计价中的风险内容及其范围，不得采用无限风险、所有风险或类似语句规定计价中的风险内容及其范围。

由于下列因素出现，影响合同价款调整的，应由发包人承担：

1 国家法律、法规、规章和政策发生变化；

2 省级或行业建设主管部门发布的人工费调整，但承包人对人工费或人工单价的报价高于发布价的除外；

3 由政府定价或政府指导价管理的原材料等价格进行了调整。

由于市场物价波动影响合同价款的，应由发承包双方合理分摊并在合同中约定；当合同中没有约定，发、承包双方发生争议时，应按现行国家标准《建设工程工程量清单计价规范》GB 50500规定调整合同价款。

由于承包人使用机械设备、施工技术以及组织管理水平等自身原因造成施工费用增加的，应由承包人全部承担。

当不可抗力发生影响合同价款的，以及因承包人原因导致工期延误的，应按合同、现行法律法规的规定执行。

6.4 工程量清单编制

6.4.3 本条规定了工程量清单编制时应当遵循的基本程序。编制单位应对各工作程序进行细化，并提出工作标准。

6.6 招标控制价编制

6.6.2 本条规定了招标控制价的编制依据。其中：

在招标控制价编制期间，如主要材料造价信息与市场价格发生较大偏差时，不排除采用市场价。但应注意两点：首先，采用的市场价格必须经过市场调查，有可靠依据；其次，应在招标/采购文件或答疑补充文件中对招标控制价采用的与造价信息不一致的市场价格做出明确说明。

施工机械设备选型直接关系到综合单价水平，应根据编制依据中的施工现场情况、工程特点及常规施工方案认真分析，合理选择，力求经济实用、先进高效。

6.6.3 本条规定了招标控制价编制时应当遵循的基本程序。编制单位应对各步骤工作程序进行细化，并提出工作标准。

6.9 投标报价分析

6.9.4 投标报价分析是对中标候选人投标文件的报价进行专业分析与审核，应包括错漏项分析、算术性错误分析、不平衡报价分析、明显差异单价的合理性分析、相关费用的审核等。

6.9.5 本条规定了工程造价咨询企业在投标报价分析活动中应遵守的原则。

7 施工阶段

7.1 一般规定

7.1.1 施工阶段接受委托咨询的工作内容应在合同中约定，咨询内容可以选择，可选择其中某项工作，也可依约承担项目施工阶段的全过程造价管理与控制的全部工作内容。办理工程结算工作按委托人合同约定可办理合同中止结算、期中结算、合同终止结算等，办理结算时参照竣工结算办理的要求进行。

7.1.4 本条明确了工程造价咨询企业可接受委托，协助委托人建立工程造价管理制度与流程等，明确项目各参与方（发包人、设计单位、 监理单位、工程造价咨询企业、施工总承包单位、施工专业分包单位以及主要材料设备供应单位等）在第 7.1.1 条所述工作中的职责范围、工作权限、具体责任人、工作流程及工作时效。

7.1.6 本条对施工阶段的部分工程造价咨询表格格式做出了规定，在施工阶段造价咨询工作中可以参照附录 L 中的表格格式进行编制，编制时可根据实际项目情况进行调整。

7.2 签约合同价分析

7.2.2 本条阐述了签约合同价分析及复核工作的依据应包括的内容。当发包人要求按实施施工图进行工程量计算时，分析复核依据还包括实施施工图纸。

7.2.3 本条阐述了签约合同价分析复核工作，一般包括下列内容：

1 根据招标施工图纸、招标文件（含工程量清单）、投标文件及招标中的会议纪要等资料整理出图纸问题，并在图纸会审前报送委托人。参与图纸会审，并对会审结果进行造价测算，提出优化建议；

2 根据招标施工图对整个工程全部重新计量计价，与相关方进行核对，并出具成果文件；当合同约定对正式施工图及图纸会审纪要进行计量计价时，按咨询合同约定计算。

5 清理分析是否存在不平衡投标报价，并提出注意事项及处理方案；

6 分析重新计量后的造价差异及造价影响，提出造价预控措施。

7.3 施工阶段合同管理咨询

7.3.1 本条对项目施工阶段的合同管理咨询工作内容进行了规定。在施工阶段，工程造价咨询企业应参加发包人组织的各个施工合同交底工作，并在参加交底会议前，梳理参建各方在施工合同中应关注的重点问题，书面报发包人进行合同交底。

7.4 施工阶段造价风险分析

7.4.3 本条规定了造价风险分析一般包括的内容，在实施过程中根据项目的实际情况，还可能发生的其他风险也应该进行分析。

7.5 项目资金使用计划编制

7.5.1 项目资金使用计划的具体编制范围应在工程造价咨询合同中约定，如是否限于施工总承包建安工程费用，是否包括施工专业承包工程费用、主要材料和设备购置费用、甲供材采购费用等。项目资金使用计划与付款节点相符是指应与项目实施进度计划及施工合同约定的工程款支付方式、数额及时间相一致。

7.6 工程预付款和进度款审核

7.6.1 本条是对工程计量报告与合同价款支付申请审核的时间规定，避免超越合同约定提前受理。

7.6.3 本条是对合同价款支付审核程序的规定，确认本期已完成的工程量及相应的工程造价。

7.6.6 本条明确了工程造价咨询企业可办理已完工并通过验收的专业分包工程结算，也可以在施工过程中根据施工合同约定办理已完成合同约定工作内容的结算。

7.6.7 本条明确了工程造价咨询企业在计算或审核工程预付款和进度款时分阶段出具成果文件的内容。

7.7 变更、签证及索赔造价管理

7.7.1 本条明确了工程变更、工程签证和工程索赔的造价管理要求，当施工合同未约定或约定不明时，应按国家和行业的有关规定执行。

7.7.3 本条规定了工程造价咨询企业对工程费用索赔审核应遵守合同约定的时效规定。

7.7.4 本条规定工程变更和工程签证管理，包括对其合法性、合规性、有效性、准确性进行审核，同时在建设项目实施过程中对变更签证的必要性、合理性、可行性、经济性提出合理化建议。

7.7.7 本条规定工程造价咨询企业对工程变更、签证和索赔资料的管理，要求建立工程变更、签证和工程索赔管理台账。

7.8 询价与核价

7.8.1 本条规定了工程造价咨询企业可对项目主要材料、设备、人工、机械台班价格及材料设备暂估价、专业工程暂估价、甲供材料设备价格、工程量清单中缺项或新增的项目单价等，提供询价意见和审核意见。

7.8.2 人工价格的调整，首先是依据合同的有关约定进行调整；其次是可结合工程造价管理机构发布的价格信息以及市场价格的变动情况确定价格的调整方法与幅度。

7.8.3 材料价格的调整，首先是依据合同的有关约定进行调整；其次是结合工程造价管理机构发布的价格信息以及市场价格的变动情况确定价格的调整方法与幅度。

7.8.4 本条规定了工程造价咨询企业应根据合同约定或委托人

认可的材料和设备名称、规格、品牌进行市场调查、询价，收集询价资料，整理并出具询价报告。

7.8.5 本条明确了需要提交样品的材料，由监理工程师或委托人进行样品确认封样，工程造价咨询企业负责询价和核价工作。

7.9 施工现场造价管理

7.9.2 本条规定了工程造价咨询企业参与施工现场造价管理的工作内容。

1 现场收方，指工程造价咨询企业接到委托人要求，参与涉及工程造价影响的现场实施情况的现场收方工作，当接到委托人或施工单位通知进行现场收方时，根据合同条款约定属应收方范围的，工程造价咨询企业过程控制人员与建设单位、监理、施工单位相关人员共同进行收方工作。

2 隐蔽工程验收，指工程造价咨询企业接到委托人要求，参与涉及工程造价影响的隐蔽工程验收，当接到委托人或施工单位通知进行隐蔽工程验收时，工程造价咨询企业过程控制人员参与建设单位或监理单位组织的隐蔽工程验收，记录隐蔽工程与设计文件、合同文件要求实施是否一致，并进行影像资料留存。

7.9.3 本条提出了工程造价咨询企业可依据咨询合同要求开展项目的工程造价动态管理工作，并提交动态管理咨询报告。

7.9.4 本条规定工程造价咨询企业承担工程造价动态管理时，

应与设计单位、顾问单位，施工监理单位、施工承包单位等项目有关各方保持联系与沟通，参加项目必要的相关工作会议，以预测为手段保障管理质量。

7.10 项目经济指标分析

7.10.1 本条提出了工程造价咨询企业可依据咨询合同要求对建设项目经济指标进行分析，规定了一般性项目的经济指标分析仅需进行单位造价指标、三大材消耗指标分析。委托人提出的特殊项目经济指标分析按咨询合同要求进行。

8 竣工阶段

8.1 一般规定

8.1.2 在竣工结算时，一般应当考虑法律法规变化、工程变更、物价变化、工程索赔以及发承包双方约定的其他调整事项等因素。合同双方协商以不损害国家和第三人利益为原则。

8.1.3 附表N.0.4竣工结算审定签署表中的委托单位栏，是指委托人与发包人不同的情形，如审计局委托或发包人上级主管部门委托等，委托单位栏是否需要按委托人要求处理。

8.2 竣工结算编制

8.2.5 施工合同类型可分为总价合同、单价合同、成本加酬金合同。

1 总价合同是指发承包双方以施工图及其预算和有关条件进行合同价款计算、调整和确认的施工合同。

2 单价合同是指发承包双方约定以工程量清单及其综合单价进行合同价款计算、调整和确认的施工合同。

3 成本加酬金合同是指发承包双方约定以施工工程成本加合同约定酬金进行合同价款计算、调整和确认的施工合同。

8.2.6 本条规定了竣工结算编制成果文件的质量标准。当《建设工程造价咨询合同（示范文本）》约定的标准更高时，按合同约定标准执行。

8.3 竣工结算审核

8.3.5 为了全面、准确地反映建设项目的最终工程造价、避免法律纠纷，本条规定竣工结算审核应采用全面审查法，严禁采用其他方法。

8.3.6 工程造价咨询企业在工程图纸、工程签证等与事实不符的情况下做出判断时，应有如影像资料等相关证据进行支撑。

8.3.7 会商会议是有关各方为顺利开展竣工结算审核工作而就结算审核过程中遇到的问题召开的专业会议。竣工结算审核会商会议一般由发包人或工程造价咨询企业组织召开，会议应以纪要的形式明确会议时间、地点、参加人员、会议议题、会商结果等内容。与会各方签认后，一般可作为竣工结算审核的依据。

8.3.8 工程造价咨询企业承担竣工结算审核时，其成果一般应得到三方共同认可，并签署“竣工结算审定签署表”。如果在合同约定的期限内发承包双方不配合或无正当理由拖延或拒绝签认的，且经工程造价咨询企业协调判定分歧无实质性合理理由的，工程造价咨询企业可适时结束审核工作并出具竣工结算审核书，并按合同约定或相关规定承担相应的责任。

8.3.9 本条规定了竣工结算审核成果文件的质量标准。当《建设工程造价咨询合同（示范文本）》约定有更高标准时，应按合同约定标准执行。

8.4 竣工决算编制

8.4.2 工程竣工决算的编制一般由注册造价工程师和注册会计

师配合共同完成。

8.4.4 工程竣工决算的编制依据中，项目计划任务书是指上级部门下达的历年年度投资计划、基本建设支出预算；立项批复文件是指可行性研究报告批复或项目申请报告核准单。

8.4.5 根据《基本建设财务规划》(财政部令第81号)，建设项目收尾工程投资和预留费用可按项目投资总概算的5%进行预留，当其超过项目投资总概算 5%时不得编制项目竣工决算。收尾工程投资及预留费用可按预计纳入工程竣工决算。

10　工程造价管理评价

10.2　工程造价管理评价内容

10.2.1　本条明确了对工程造价管理制度进行评价的内容，尤其强调了合法合规性。如索赔审核程序时间不能与现行法律法规不符。

10.2.4　本条明确了在发承包阶段进行工程造价管理评价的主要内容。

10.2.6　本条明确了在结（决）算阶段进行工程造价管理评价的主要内容。

10.3　工程造价管理评价成果文件

10.3.1　本条明确了工程造价管理评价的成果文件及应包括的主要内容。

11 工程造价鉴定

11.1 一般规定

11.1.3 本条是依据《工程造价咨询企业资质管理办法》(建设部令149号)、《造价工程师注册管理办法》(建设部令150号)以及第十届全国人民代表大会常务委员会第十四次会议通过的《关于司法鉴定管理问题的决定》第四条第(三)款的相关规定制订的，工程造价鉴定业务是典型的经济鉴证类业务，因此需要注册造价工程师等符合要求的专业人员按照司法鉴定和工程造价鉴定的有关要求执业。

11.1.4 本条是对接受鉴定业务的管理性要求,规定鉴定意见书中的项目名称、范围、内容、要求必须与鉴定委托文书或鉴定合同一致。

11.1.5 本条是为保证鉴定有效而做出的回避规定。

11.1.6 本条对鉴定机构和鉴定人员主动提出的回避做出了程序规定。此外，工程造价咨询企业中高管人员因其对鉴定机构的影响很大，企业高管个人主动提出回避并且理由成立的，视同为鉴定机构主动提出回避。

11.2 诉讼或仲裁中的工程造价鉴定

Ⅰ 准备工作

11.2.1 本条明确工程造价咨询企业作为鉴定机构接受鉴定项目的依据。委托文书包括鉴定委托书和转办单、委托合同等各种具有法律效力形式的文件。

11.2.2 基于工程造价经济纠纷的复杂性和专业性，很多鉴定委托人在委托文书中不一定能准确表达委托意图，本条明确鉴定工作开始后，鉴定人员应首先认真阅读和鉴定委托人的鉴定委托书或转办单、委托合同等委托文书，对委托文书中鉴定范围、内容、要求或期限有疑问的，宜及时、主动向鉴定委托人联系。目的是从专业角度明确鉴定项目的鉴定范围、内容及要求，必要时甚至可协助鉴定委托人重新出具委托文书，用专业术语准确地表达出欲鉴定项目的鉴定范围、内容、要求和期限，避免对委托文书的误解导致鉴定误差。如果当事人对鉴定委托人在其委托文书中提出的鉴定范围、内容、要求或期限等有异议时，工程造价咨询企业应及时向鉴定委托人反映，排除疑问。

11.2.3 本条是对鉴定工作中取证的程序性规定。工程造价咨询企业应按照法规、规范性文件规定办理接收举证资料的程序、提请委托人组织证据交换和质证的程序，保障鉴定资料的证据合法性。

Ⅱ 鉴定工作

11.2.10 本条是针对鉴定意见不统一时的组织管理规定。

11.2.11 本条规定鉴定应尊重当事人的合同约定，以维护社会主义市场经济条件下的计价原则。但是，当事人的合同约定应有效，有效的前提是合同合法、合同的约定合法。

11.2.12 本条规定了鉴定中计价的原则。有约定按约定，无约定按法定。

11.2.13 本条提出了对有缺陷的鉴定结论意见的处理办法，明确了提交补充鉴定的条件即补充鉴定报告的法律作用，其依据参照《最高人民法院关于民事诉讼证据的若干规定》法释〔2001〕33号文）第二十七条规定和《司法鉴定程序通则》（司法部第107号令）第二十八条规定。

11.2.14 本条明确了接受重新鉴定的条件，其条件参照《最高人民法院关于民事诉讼证据的若干规定》（法释〔2001〕33号文）第二十七条规定和《司法鉴定程序通则》（司法部第107号令）第二十九条规定。

11.2.16 发包人支付价款的前提，是承包人进行的工程建设必须确保工程质量和工期，因此，当事人对工程质量有争议的，应由具有相应资质的机构进行工程质量的司法鉴定，在此基础上进行工程造价的司法鉴定。

11.2.17 根据《最高人民法院关于审理建设工程施工合同纠纷案件适用法律问题的解释》（法释〔2004〕14号）第二十三条："当事人对部分案件事实有争议的，仅对有争议的事实进行鉴定，但争议事实范围不能确定，或者双方当事人请求对全部事实鉴定的除外。"本条款规定针对已出具结算审核报告和单方审核报告（审核意见书，但仍有纠纷）的情况，可转为对该已出具的审核报告的鉴定，同时对复杂项目，也可大大加快鉴定的进度。

Ⅲ 成果文件

11.2.20 本标准规定鉴定的成果为鉴定意见，相应鉴定的成果文件名称为鉴定意见书，包括补充鉴定意见书或其他形式对鉴定意见书的补充性说明文件。为了保持鉴定成果文件的一致性，其他机构委托的鉴定成果文件也都称为鉴定意见。

11.2.21 本条是对鉴定人员声明主要内容的规定，实际工作中可根据情况表述。

11.2.22 本条依据《最高人民法院关于民事诉讼证据的若干规定》（法释〔2001〕33 号文）第二十九条规定，除特殊说明没有内容表述时可以省略以外，其余内容均不应省略。其中：

第 1 款工程名称，如 ×× 工程造价鉴定意见书。

第 2 款档案号可由各鉴定机构自定。

第 3 款基本情况中应包括：1）鉴定委托人；2）委托日期；3）委托内容；4）鉴定资料；5）纠纷项目相关情况介绍。

第 4 款鉴定依据中应包括：1）行为依据；2）政策依据；3）分析（或计算）依据等。

附件是指鉴定机构和鉴定人员的资格性文件，如营业执照、资质证书、注册证书等。

11.2.23 基于工程造价经济纠纷的复杂性，本条明确了鉴定结论意见不一定是结果确定的结论意见，可以同时包括其他形式的结论意见。

当鉴定项目中仅部分事实清楚、依据有力，证据充足时，工程造价咨询企业应出具项目中该鉴定结论意见，称为“可以确定的部分造价结论意见”。对当事人在鉴定过程中达成一致的书面妥协性意见而形成的结果也可以纳入造价鉴定结论意见或“可确定的部分造价结论意见”。

对鉴定中无法确定的项目、部分项目，凡依据鉴定条件可以计算造价的,鉴定的鉴定意见书中均宜逐项提交明确的计算结果，并提出不能做出可确定结论意见的原因或当事人双方的分歧理由；凡依据鉴定条件无法计算造价的，鉴定意见书中宜提交估计结果或估价范围；提交估算结果或估价范围的条件也不具备时，工程造价咨询企业可不提交估算结果或估价范围并说明理由；对鉴定委托人要求提交鉴别和判断性结论的，工程造价咨询企业可提交鉴别和判断性结论。

本条期望指导规避鉴定中的两种倾向，一方面是把鉴定工作等同于审判工作、代替审判工作或凌驾于审判工作之上，在合同无效、事实不清、证据不力或依据不足且当事人无法达成妥协的条件下，擅自做出鉴定结论意见并用于成果文件中；另一方面，未在现有条件下达到委托人需要的鉴定工作深度。

11.3 诉讼或仲裁中的工程造价咨询

11.3.1 本条规定了工程造价咨询企业受当事人委托配合司法鉴定时，应运用自身的专业知识，协助当事人确定司法鉴定的鉴定事项、范围、内容、要求或期限等。

11.3.2 本条规定了工程造价咨询企业受当事人委托配合司法鉴定时，应运用自身对法规的掌握，协助当事人判断鉴定机构及鉴定人是否有应回避而未回避影响鉴定公正的情形。